SAP® S/4HANA Migration Cockpit – Datenmigration mit LTMC und LTMOM

Andreas Unkelbach

Willkommen bei Espresso Tutorials!

Unser Ziel ist es, SAP-Wissen wie einen Espresso zu servieren: Auf das Wesentliche verdichtete Informationen anstelle langatmiger Kompendien – für ein effektives Lernen an konkreten Fallbeispielen. Viele unserer Bücher enthalten zusätzlich Videos, mit denen Sie Schritt für Schritt die vermittelten Inhalte nachvollziehen können. Besuchen Sie unseren YouTube-Kanal mit einer umfangreichen Auswahl frei zugänglicher Videos:

https://www.youtube.com/user/EspressoTutorials.

Kennen Sie schon unser Forum? Hier erhalten Sie stets aktuelle Informationen zu Entwicklungen der SAP-Software, Hilfe zu Ihren Fragen und die Gelegenheit, mit anderen Anwendern zu diskutieren:

http://www.fico-forum.de.

Eine Auswahl weiterer Bücher von Espresso Tutorials:

- Dr. Boris Rubarth:
  Schnittstellenprogrammierung in SAP® ABAP
  http://5361.espresso-tutorials.de
- Antje Kunz
  SAP® Legacy System Migration Workbench (LSMW) – 2., erweiterte Auflage
  http://5371.espresso-tutorials.de
- Johannes Gerbershagen:
  Qualitätsmanagement in der ABAP-Entwicklung unter SAP®
  http://5393.espresso-tutorials.de
- Robin Schneider:
  Praxishandbuch SAP®-Geschäftspartner (Business Partner) – Funktionen und Integration in SAP® S/4HANA – 2., erweiterte Auflage
  http://5468.espresso-tutorials.de

Bibliografische Information der Deutschen Nationalbibliothek
Die Deutsche Nationalbibliothek verzeichnet diese Publikation in der Deutschen Nationalbibliografie; detaillierte bibliografische Daten sind im Internet über http://portal.dnb.de abrufbar.

Andreas Unkelbach
SAP® S/4HANA Migration Cockpit – Datenmigration mit LTMC und LTMOM

ISBN: 978-3-96012-017-9

Lektorat: Anja Achilles

Korrektorat: Die Korrekturstube

Coverdesign: Philip Esch

Coverfoto: © yudhistirama | # 867039772 – istockphoto.com

Satz & Layout: Johann-Christian Hanke

1. Auflage 2020

URL: *www.espresso-tutorials.de*

Feedback:
Wir freuen uns über Fragen und Anmerkungen jeglicher Art. Bitte senden Sie diese an: *info@espresso-tutorials.com*.

Inhaltsverzeichnis

Vorwort

Von der Idee zum Buch

Im Rahmen der FICO-Forum-Infotage 2017 präsentierte Jörg Siebert am Rande seines Vortrags »Geschäftsprozesse in der S/4HANA-Anlagenbuchhaltung« auch das S/4HANA Migration Cockpit gemeinsam mit dem Hinweis, dass die Funktion Legacy System Migration Workbench (LSMW) zwar innerhalb der S/4HANA-On-Premise-Edition noch verfügbar sei, aber nicht als Migrationstool berücksichtigt werde. Insbesondere würde die LSMW unter Umständen sogar falsche Migrationsschnittstellen vorschlagen, die in SAP S/4HANA nicht mehr verwendet werden könnten. Seine Empfehlung damals war, dass Anwender – nicht nur SAP-Berater – ein neues Tool »erlernen« sollten und auch müssten, um bisherige Datenübernahmen erfolgreich umsetzen zu können.

Da wir im Hochschulbereich die LSMW häufiger einsetzen, war dieser Hinweis für mich sehr interessant, und im Gespräch am Abend nahm ich gerne den Vorschlag von Martin Munzel und Jörg Siebert (Gründer des SAP-Fachbuchverlags Espresso Tutorials) an, mich intensiver mit den Migrationsmöglichkeiten der neuen Technik in S/4HANA auseinanderzusetzen.

Das Ihnen nun vorliegende Buch ist das Ergebnis meiner gesammelten praktischen Erfahrungen zu unterschiedlichen Aspekten der Datenmigration mit dem Migrationscockpit unter SAP S/4HANA (Transaktion *LTMC*, engl.: Legacy Transfer Migration Cockpit) und dem Migrationsobjekt-Modellierer (Transaktion *LTMOM*, engl.: Legacy Transfer Migration Object Modeler).

Hier zeigt sich, dass der Verlag Espresso Tutorials auch für seine Autoren – im Sinne von »aus der Praxis für die Praxis« – positiv wirkt, und ich freue mich, dass ich, nachdem ich mich gründlich in die Materie eingearbeitet habe, Ihnen das Gelernte nun direkt weitergeben kann.

Begrifflichkeiten

Die S/4HANA-Oberfläche vermischt immer wieder deutsche und englische Begriffe (insbesondere in den Template-Bezeichnungen). In diesem Buch werde ich entweder die Bezeichnungen Migrationscockpit und Migrationsobjekt-Modellierer oder die beiden Transaktionscodes LTMC und LTMOM verwenden.

Die FICO-Forum-Infotage

Seit 2012 finden jedes Jahr im November die zweitägigen FICO-Forum-Infotage statt – eine vom Verlag Espresso Tutorials initiierte Veranstaltung mit zahlreichen Vorträgen rund um aktuelle SAP-Themen. Sowohl S/4HANA, die Module des Rechnungswesens und der Logistik, des Personalwesens und Business Warehouses, aber auch viele andere Themen im Umfeld der SAP-Software werden dort berücksichtigt. Ein Rückblick auf einige der behandelten Themen ist auf meinem Blog über das entsprechende Stichwort *FICO-Infotage* zu finden: *https://www.andreas-unkelbach.de/blog/index.php?go=tags&tag=FICO-Infotage*.

An wen richtet sich dieses Buch

Dieses Buch richtet sich an erfahrene SAP-Anwender, die sich mehr oder minder regelmäßig mit dem Thema »Datenmigration« auseinandersetzen – entweder im Rahmen eines Wechsels in Richtung S/4HANA-System oder im Zusammenhang mit wiederkehrenden Arbeiten wie dem Anlegen von Stammdaten. Um die Vorzüge der neuen Technik darzustellen, vergleiche ich diese auch mit den unter ERP genutzten Tools wie eCATT und der eingangs schon erwähnten LSMW. Somit sollte dieses Buch für Sie interessant sein, wenn Sie vor einem

Wechsel zu S/4HANA stehen und sich schon im Vorfeld Gedanken um eine Migration Ihrer Daten machen wollen.

Mit den Erläuterungen zur Nutzung des Migrationscockpits wende ich mich insbesondere an Sachbearbeiter im Controlling, während die Anpassungen im Migrationsobjekt-Modellierer vor allem für die Anwendungsbetreuung bzw. Key-User von Interesse sein werden.

Gerade wenn es um Fragen der Datenherkunft oder die Erweiterung des Templates im LTMOM geht, ist eine Zusammenarbeit mit der SAP-Basisadministration wichtig, da sie die notwendigen Grundeinstellungen vornimmt.

Daher ist es auch für SAP-Basisabteilungen relevant, wie der neue Migrationsansatz funktioniert und auf welche Weise Modulverantwortliche unterstützt werden können, etwa, indem Datenquellen oder zusätzliche, im Standard nicht vorhandene Datenfelder für eine erfolgreiche Migration ausgewählter Migrationsobjekte zur Verfügung gestellt werden.

Aufgrund meiner persönlichen Erfahrungen erachte ich eine enge Zusammenarbeit zwischen Anwendungsbetreuung, Key-Usern und der SAP-Basisabteilung als unumgänglich, gerade wenn es um tiefgreifende Anpassungen geht.

Aufbau des Buches

Im **Kapitel 1** beschäftige ich mich mit einigen grundsätzlichen Vorüberlegungen. Auch wenn dieses Kapitel eher theoretischer Natur ist, sollte Sie die Darlegung der für eine erfolgreiche Datenmigration notwendigen Schritte dazu motivieren, sich Gedanken über Ihre Ausgangsdaten zu machen und etwaige Vorbereitungen mit dem Ziel einer guten Datenbasis zu treffen. Neben naheliegenden Anforderungen für die Migration von Daten aus einem ERP-System in Richtung S/4HANA möchte ich Ihnen Anwendungsbeispiele vorstellen, die eine regelmäßige Datenmigration aus »vorgelagerten Systemen« erforderlich machen können, um Ihnen das Migrationstool auch als ein nützliches Werkzeug im Tagesgeschäft zu empfehlen.

Im **Kapitel 2** stelle ich die von mir bisher unter ERP gerne genutzten Tools vor. Gerade im Rahmen der Massenstammdatenpflege ist es hilfreich, einen direkten Vergleich zwischen den bisherigen Tools wie eCATT und LSMW und den mit S/4HANA eingeführten Migrationstools zu ziehen. Am Rande verweise ich auf die Massenpflege von Stammdaten über die Transaktion MASS sowie die Transaktionsaufzeichnung mit SHDB. Mir persönlich ist dieses Kapitel ein besonderes Anliegen, um darauf aufbauend die Vorteile der »neuen« Techniken gegenüber den Möglichkeiten in der ERP-Umgebung herauszustellen.

Im **Kapitel 3** wird das Migrationscockpit ausführlich erläutert. Mit der Transaktion LTMC wird direkt eine Fiori-App gestartet, sodass ich dieses zum Anlass nehmen möchte, am Anfang des Kapitels kurz auf die neue Fiori-Oberfläche einzugehen und einen Hinweis darauf zu geben, wo die Anwendung in der Fiori-Welt zu finden ist. Anschließend erörtere ich die Projektverwaltung, vorhandene Migrationsobjekte, die Arbeit mit den Templates, den Transfer der Daten sowie die Datenvalidierung und etwaige Fehlerbehandlungen. Besonders die Simulation des Datentransfers und die Möglichkeiten der Delta-Datei stellen für mich im Vergleich zu eCATT und LSMW erhebliche Fortschritte dar.

Im **Kapitel 4** werden Sie den Migrationsobjekt-Modellierer kennenlernen. Ich gehe vor allem auf die Quellstrukturen (als Basis für das Template) und die Zielstrukturen ein. Aufgrund der Möglichkeit, die Quellstruktur durch individuelle Sichten oder gar eigene Felder anzupassen, kann im Rahmen der Datenmigration über die Definition von Regeln oder Umschlüsselungsobjekten auf lokale Anforderungen Rücksicht genommen werden. Neben der Anpassung vorhandener Migrationsobjekte innerhalb eines Projekts beschreibe ich auch die Anlage eines *benutzerdefinierten Migrationsobjekts*, wodurch eigene Funktionsbausteine im Rahmen einer Datenmigration nutzbar werden. Damit verbunden sind einige Anforderungen an die Funktionsbausteine, auf die ich ebenfalls eingehe. Als Beispiel binde ich einen vorhandenen Funktionsbaustein zur Anlage eines CO-Innenauftrags ein und verweise darauf, wie dieses Migrationsobjekt anschließend im Migrationscockpit verwendet werden kann.

Im **Anhang** verweise ich auf die von mir im Rahmen der Arbeit am Buch besuchten Internetseiten, die noch einmal einen »Live«-Eindruck der vorgestellten Tools bieten. Sie reichen von einer Demonstration der SAP SE über eine Onlineschulung bei openSAP bis hin zu Videos auf YouTube und Verweisen auf Onlineforen. Daneben möchte ich die Gelegenheit nutzen, Ihnen zu vermitteln, wie Sie sich im Internet mit neuen Themen im SAP-Umfeld auseinandersetzen können. Das Thema »lebenslanges Lernen« spielt gerade hier eine wichtige Rolle.

Aufrufoptionen für Internetquellen

Sollten Sie dieses Buch als E-Book oder in der digitalen SAP-Bibliothek von Espresso Tutorials lesen, können Sie alle angegebenen Links natürlich direkt aufrufen. In der gedruckten Version dieses Buches finden Sie zusätzlich zur URL der Quelle das Icon mit einer ID. Gehen Sie auf die Seite *https://www.unkelbach.link/*; dort können Sie über die angegebene ID die hinterlegte Information aufrufen. Alternativ ist auch ein Direktlink nutzbar, indem Sie die ID am Ende der Domain ergänzen.

Link-Aufrufoptionen

Sie können die Berichte zu den FICO-Forum-Infotagen über die ID *10301* aufrufen oder direkt über die URL *https://www.unkelbach.link/10301*, die Sie dann automatisch auf die entsprechende Internetseite weiterleitet.

Eine Liste aller hier im Buch beschriebenen Links erhalten Sie über den folgenden QR-Code:

Danksagung

Insbesondere bei der Einarbeitung in ein für mich bisher unbekanntes Themengebiet bin ich für den Austausch mit Kolleginnen und Kollegen sowie Onlinebekanntschaften sehr dankbar. Gerade der Verweis auf ergänzende Informationen, wie technische SAP-Notes zur Datenmigration mit LTMC und LTMOM oder das YouTube-Video zur Darstellung der neuen Tabellensicht in SAP S/4HANA, sind Beispiele dafür, wie gut der fachliche Austausch innerhalb der SAP-Gemeinschaft funktioniert – vor allem, aber nicht nur, über das FICO-Forum.

Auch ein kritisches Hinterfragen, für welche Zielgruppe das Buch eigentlich sein soll und was genau ich mit einzelnen Abschnitten meine, ermöglichte mir, meine eigene Position zu prüfen. Hier hatte vor allem mein Arbeitskollege von der SAP-Basisabteilung einen wichtigen Anteil, indem er immer wieder die eine oder andere kritische Anmerkung einbrachte. In Ergänzung dazu wurde abschließend noch ein prüfender fachlicher Blick auf das Werk geworfen. Vielen Dank an dieser Stelle an Marcus Stier von der Apsolut GmbH, der noch den einen oder anderen aktuellen Hinweis eingebracht hat.

Wie bei meinen vorherigen Büchern war ich besonders neugierig auf die Rückmeldungen meiner Lektorin Anja Achilles, deren besonderes Talent es ist, fachlichen Inhalt in verständliche Worte zu kleiden. Es ist für mich immer wieder ein spannender Moment, nach der Überarbeitung des eingereichten Manuskripts ein wesentlich gereifteres Dokument in den Händen zu halten. Die Evolution der einzelnen Kapitel anhand konstruktiver »Schubse« in die richtige Richtung begeistert mich.

Dem Verlag Espresso Tutorials möchte ich Danke dafür sagen, dass er mir einen ersten Blick in Richtung S/4HANA ermöglichte und gleichzeitig Zeit, Raum und Ressourcen dafür bereitstellte, aus der Praxis für die Praxis zu lernen und das Gelernte weitergeben zu können.

Auch wenn es während der Entstehungszeit immer mal Phasen gab, in denen ich mir unsicher war, ob es so eine gute Idee war, dieses Buchprojekt anzufangen, liegt es nun doch fertig vor Ihnen. Das habe ich nicht unwesentlich der Unterstützung meiner Frau zu verdanken, die mich dazu inspirierte, Neues zu lernen und mich den Herausforderungen des bisher Unbekannten zu stellen. Das mag nicht immer bequem sein, hielt in diesem Fall rückblickend dann aber doch einige positive Überraschungen bereit – die Mühe hat sich gelohnt!

In den Text sind Kästen eingefügt, um wichtige Informationen besonders hervorzuheben. Jeder Kasten ist zusätzlich mit einem Piktogramm versehen, das diesen genauer klassifiziert:

Hinweis

Hinweise bieten praktische Tipps zum Umgang mit dem jeweiligen Thema.

Beispiel

Beispiele dienen dazu, ein Thema besser zu illustrieren.

Achtung

Warnungen weisen auf mögliche Fehlerquellen oder Stolpersteine im Zusammenhang mit einem Thema hin.

Video

Schauen Sie sich ein Video zum jeweiligen Thema an.

Die Form der Anrede

Um den Lesefluss nicht zu beeinträchtigen, wird im vorliegenden Buch bei personenbezogenen Substantiven und Pronomen zwar nur die gewohnte männliche Sprachform verwendet, stets aber die weibliche Form gleichermaßen mitgemeint.

Hinweis zum Urheberrecht

Sämtliche in diesem Buch abgedruckten Screenshots unterliegen dem Copyright der SAP SE. Alle Rechte an den Screenshots hält die SAP SE. Der Einfachheit halber haben wir im Rest des Buches darauf verzichtet, dies unter jedem Screenshot gesondert auszuweisen.

1 Grundlagen zur erfolgreichen Datenmigration

Bevor wir uns konkret mit der neuen Technik auseinandersetzen, möchte ich in diesem Kapitel zunächst grundlegende Überlegungen zu einer Datenmigration anstellen. Ich werde Ihnen sowohl einige Migrationsszenarien inklusive dabei durchzuführender Schritte als auch Beispiele für einen erfolgreichen Austausch von Daten mit anderen (Vor-)Systemen schildern. Letzteres können Softwarelösungen sein, die Daten außerhalb Ihres SAP-Systems erfassen und aufbereiten, oder ein ERP-System, das nach S/4HANA übertragen werden soll. Diese zugegebenermaßen recht theoretischen Betrachtungen sollen uns dabei helfen, uns über notwendige Vorarbeiten für eine Datenmigration im Klaren zu werden.

Im Rahmen eines Vorprojekts zum Wechsel auf SAP S/4HANA kommen viele Fragen auf, die sich mit den notwendigen Maßnahmen zur Weiterverwendung von bestehenden Strukturen und Prozessen innerhalb eines Unternehmens beschäftigen. Neben einer rein technischen Betrachtung ist der Umzug eines jahrelang betriebenen Systems immer auch eine Chance, bestehende Datensammlungen kritisch zu hinterfragen und neben der reinen Übertragung von Daten die Sinnhaftigkeit verschiedener Stammdaten (aber auch von Bewegungsdaten) zu analysieren. Zudem stellt sich die Frage, in welcher Form der Umzug vom bisherigen ERP-System (ob nun SAP ERP oder einer anderen betriebswirtschaftlichen Standardsoftware) erfolgen kann.

Ein weiterer wichtiger Gesichtspunkt vor dem Start eines Migrationsprojekts ist, dass sich Stammdatenobjekte mit S/4HANA verändern können. Ein gutes Beispiel liefert uns die Finanzbuchhaltung: Hier werden Lieferanten und Kunden künftig nicht mehr als eigenständige Objekte (sprich Kreditoren und Debitoren) erfasst, sondern gemeinsam als *Geschäftspartner* (Business Partner) abgebildet, dem unterschiedliche Rollen zugeordnet werden können. Selbst die klassische Trennung zwischen Kostenarten und Sachkonten ist mit S/4HANA aufgehoben, da nun im Rahmen des *Universal Journals* einheitlich nur noch Sachkonten genutzt werden.

Gerade die Zusammenführung der Module Finanzbuchhaltung (FI) und Controlling (CO) im Rahmen des Universal Journals (oder entsprechend die vereinheitlichten Tabellen ACDOCA für Istdaten und ACODCP für Plandaten) stellt eine gewisse Herausforderung für die Harmonisierung der Quell- und Zieldaten sowie für die Datenmigration eines bestehenden Systems hin zum neuen S/4HANA-System dar.

Technischer Hintergrund zu S/4HANA

Im Rahmen einer Fortbildung wurde mir ein YouTube-Video empfohlen (*https://www.youtube.com/watch?v=RtaKOhsKKhM* (*10302*), in dem Chris Hallenbeck und Erich Schneider die technischen Veränderungen beim Datenbankdesign im Rahmen von S/4HANA auf einem schlichten Whiteboard vorstellen. Hier zeigt sich, dass es keine Folienschlacht mit PowerPoint braucht, sondern komplexe Zusammenhänge auch in einem einfachen Tafelbild dargestellt werden können. Für einen ersten guten Einblick in die neue Datenbanktechnik kann ich dieses englischsprachige Video nur empfehlen.

Sie sollten sich also vor einem anstehenden Migrationsprojekt von ERP auf S/4HANA auch mit etwaigen Veränderungen in den Stammdaten oder anderen generellen Modifikationen im System beschäftigen.

Veränderungen durch SAP S/4HANA

Der Vortrag »Das Universal Journal als Innovationstreiber im SAP S/4HANA Finance« von Dr. Georg Dopf (SAP) im Rahmen des SAP-Finanzforums 2018 bietet einen guten Überblick über Auswirkungen auf das Berichtswesen. Der Vortrag ist unter *10303* oder *http://fico-forum.de/fico_forum/thread.php?board=37&thread=63* (Anmeldung erforderlich) online abrufbar. Daneben sind auch einige

Bücher rund um S/4HANA im Verlag Espresso Tutorials erschienen, die ebenfalls einen Schnelleinstieg ermöglichen, sodass hier nicht weiter auf die grundsätzlichen Veränderungen, bezogen auf das Datenmodell und die Module in S/4HANA, eingegangen werden soll.

1.1 Migration von ERP zu S/4HANA

Im Rahmen eines geplanten Wechsels hin zu SAP S/4HANA stellt sich die Frage, ob die Migration auf Basis eines »Greenfield«- oder »Brownfield«-Ansatzes erfolgen soll.

- *Greenfield-Ansatz* = komplette Neuimplementierung
- *Brownfield-Ansatz* = Transformation eines bestehenden SAP-ERP-Systems

Gerade bei Systemen, die schon einige Jahre gelaufen sind, empfiehlt es sich, zunächst zu klären, ob alle Bewegungsdaten mit übernommen werden sollen, alte Kontenpläne zwingend zu übertragen sind oder ob die Migration gleichzeitig auch eine Chance ist, ein gewachsenes System mit diversen kundeneigenen Entwicklungen wieder stärker in Richtung SAP-Standard zu führen.

Auch bei einer Neuimplementierung werden Sie sich die Frage stellen, wie Sie bestehende Strukturen – etwa Ihre Kostenstellen oder Organisationsdaten – auf das neue System übertragen, ohne sämtliche Daten zu überführen.

Vor- und Nachteile der Migrationsansätze

Bei der Unterscheidung zwischen den beiden erwähnten Ansätzen treten unterschiedliche Aspekte in den Vordergrund, über die Sie sich vor dem Wechsel Gedanken machen sollten.

Beim *Greenfield-Ansatz*, also der Implementierung auf der »grünen Wiese«, müssen Sie zwar die Daten aus den vorherigen Systemen einzeln übertragen, er bietet aber den Vorteil, dass Sie Bereinigungen durchführen und Prozesse sowie Stammdaten neu gestalten können. Damit einhergehend sollten Sie sich gerade im Hinblick auf den Wirtschaftsprüfer Gedanken machen, welche Daten weiterhin benötigt werden. Von Vorteil ist auch, dass auf das bisherige System als Archiv zugegriffen werden kann. Nachteilig ist, dass eine Umstellung immer erst zum Jahreswechsel möglich ist.

Der *Brownfield-Ansatz*, also die Konvertierung eines bestehenden SAP-Systems, bietet zwar den Vorteil, dass Stammdaten sowie Geschäftsprozesse im Idealfall erhalten bleiben und ein Wechsel auch unterjährig möglich ist. Dennoch sind hierbei einige Vorprojekte erforderlich, und man sollte sich frühzeitig Gedanken um passende Migrationstools machen.

Erfahrungsaustausch rund um S/4HANA

Auch wenn Sie als Käufer dieses Buches vermutlich schon auf S/4HANA umgestellt haben und sich nun mit den damit einhergehenden neuen Werkzeugen *Migrationscockpit* oder *Migrationsobjekt-Modellierer* intensiver beschäftigen wollen, möchte ich Ihnen doch die Erfahrungsberichte einiger Unternehmen über deren Wechsel zu S/4HANA empfehlen. Diese können im Rahmen von Vorträgen der FICO-Forum-Infotage ab 2016 auf der Seite *10304* oder unter *http://fico-forum.de/fico_forum/board.php?board=15* nachgelesen werden.

1.2 Datenmigration aus vorgelagerten Systemen

Auch jenseits der Entscheidung bezüglich des Wechsels von einem bestehenden SAP-System zu S/4HANA stellt sich die Frage, wie Daten aus externen Quellen künftig in das SAP-System übertragen werden können. Diese von mir als »vorgelagert« bezeichneten Systeme laufen nicht direkt als Modul innerhalb Ihres SAP-Systems, sondern sind eigenständige Softwareanwendungen, die Daten erfassen und verarbeiten, und deren Ergebnis Sie in Ihr SAP-System übernehmen wollen. Teilweise kann es sich auch um andere SAP-Systeme handeln, z. B. wenn Sie Ihr Personalsystem zentralisiert haben und für Ihr Unternehmen nur die Module des Rechnungswesens verwenden, aber natürlich auch die Ergebnisse der Personalabrechnung als Kosten innerhalb der Finanzbuchhaltung und des Controllings abbilden möchten. Ein weiteres Beispiel wäre ein externes Onlinebestellsystem (Warenkatalog), in dem Sie Bestellungen vorerfassen und diese dann in das Logistikmodul Ihres laufenden SAP-Systems übertragen.

Klassischerweise erfolgen solche Datenübertragungen nach SAP über RFC-Schnittstellen wie ALE oder IDoc. Hierdurch lassen sich auch Non-SAP-Systeme an Ihr System anbinden.

Es kann sich aber auch um vorgelagerte IT-Systeme handeln, die die Daten nach SAP übertragen, um hier entsprechende Stammdaten anzulegen. Dies können z. B. sein:

- **Im Bereich Marketing:**
  CRM-Systeme (Customer-Relationship-Management), in denen vorab schon Daten zu potenziellen Kunden angelegt sind, die später als Geschäftspartner im SAP-System gepflegt werden.
- **Im Bereich Personalgewinnung:**
  a) Externe Bewerbungsmanagementsysteme, aus denen Personaldaten in das Modul SAP HCM (Human Capital Management) überführt werden, sobald Bewerber im Personalmanagement als Beschäftigte geführt werden.
  b) Externe Zeiterfassung, die später in die Personalzeitwirtschaft (Teilkomponente HCM-PT) einfließt.
- **Im Hochschulbereich:**
  Ein in Hochschulen weitverbreitetes Beispiel ist die Nutzung von »Forschungsinformationssystemen« (FIS), die auch für die Projektplanung eingesetzt werden. Bevor ein Projekt in Form eines

Kontierungsobjekts angelegt wird, werden zunächst das Forschungsvorhaben inklusive der Vertragspartner und der am Projekt beteiligten Wissenschaftler sowie die notwendigen Ressourcen, Verträge und Projekttitel aus der Verhandlungsphase im FIS erfasst. Erst bei Vertragsabschluss für den konkreten Forschungsauftrag werden die im System gesammelten Daten gebündelt und z.B. als Antrag für ein Drittmittelprojekt an das SAP-System übergeben, sodass hier schon im Vorfeld Verantwortlichkeiten, Ansprechpartner oder auch die organisatorische Zuordnung zu Abteilungen und damit Kostenstellen, Mittelgeber oder Nummernkreise bekannt sind. Nachdem diese Daten im FIS geklärt sind, kann dazu ein passendes CO-Kontierungsobjekt, etwa in Form eines CO-Innenauftrags oder als Fond (Kontierungselement im PSM-FM (Public Sector Management – Haushaltsmanagement)), angelegt werden.

Das zuletzt beschriebene Beispiel eignet sich sehr gut für den Einsatz des SAP S/4HANA Migrationscockpits, da die gesammelten Daten in gleichbleibender Art und Güte in regelmäßigen Abständen ins SAP-System eingespielt werden sollen. Der Aufwand einer Einzelerfassung dieser Daten wäre sehr hoch, sodass deren durch Technik unterstützte Einspielung tatsächlich eine Erleichterung darstellt.

Zeit nehmen für neue Technik

Mit zu den ersten Erfahrungen im SAP-Umfeld gehörte für mich der Rat meines damaligen Chefs, dass es immer lohnend sei, sich mit einer neuen Technik etwas ausführlicher zu beschäftigen, wenn diese die Möglichkeit eröffne, künftig bestimmte Prozesse oder Arbeiten schneller oder auch effizienter zu erledigen. Damals – zu Zeiten von SAP R/3 4.6b – gehörte es zu meinen Aufgaben, etwa zehn Datensätze pro Tag in SAP einzubuchen. Im Zuge dessen bekam ich die Chance, mich intensiver mit SCATT zu befassen und die Erfassung der Daten aufzuzeichnen, um künftig eine einfache CSV-Datei direkt ins System einzuspielen und nicht mehr jeden Datensatz einzeln erfassen zu müssen. Mittelfristig hat sich der Aufwand von einem halben Tag, den ich mich mit der neuen Technik auseinandergesetzt habe, ungemein gelohnt, da künftig das Einspielen der Daten innerhalb kürzester Zeit erledigt war. Dieses möchte ich gerne zum Anlass nehmen, die Vorzüge eines Migrationstools für die tägliche Arbeit in SAP zu betonen – und das durchaus auch für Anwendungsgebiete, die nicht in einer klassischen Migration berücksichtigt werden, sondern sich in den Herausforderungen der täglichen Arbeit zeigen.

Ich bin mir sicher, dass es auch in Ihrem Arbeitsbereich Aufgaben gibt, für die Sie vorab bestimmte Daten erfassen und sich dann überlegen müssen, wie Sie diese im SAP-System abbilden können. Alle für Vorsysteme genannten Beispiele haben gemein, dass hier Daten erfasst werden, die regelmäßig in ein SAP-System übernommen werden sollen. Diese Anforderung entspricht also nicht einer einmaligen Datenmigration in Form eines Umzugs von Daten in ein neues System, sondern stellt die wiederkehrende Anforderung dar, Daten von System A nach B (in unserem Fall in ein SAP-S/4HANA-System) zu übertragen. Sowohl LTMC als auch LTMOM können hier wichtige Werkzeuge sein, die Ihnen derartige Aufgaben erleichtern.

1.3 Schritte zur erfolgreichen Datenmigration

Die folgenden Gesichtspunkte sind zwar eher grundsätzlicher Natur und weniger in der praktischen Umsetzung anzusiedeln, dennoch möchte ich zunächst zentrale Aspekte der einzelnen Schritte eines Datenmigrationsszenarios darstellen, die nicht nur im SAP-Umfeld, sondern generell bei Fragen der Datenübertragung von einem System auf ein anderes eine Rolle spielen.

Folgendes ist in den Einzelprozessen zu berücksichtigen:

1. Datenanalyse

Bevor Sie mit einer Datenmigration beginnen, sollten Sie im Rahmen einer *Datenanalyse* erst einmal die für das neue System tatsächlich relevanten Daten identifizieren. Dafür ist es wichtig festzustellen, wie Ihre Ausgangslage ist und welche Daten Ihnen vorliegen.

Insbesondere relevant ist, ob an den Ausgangsdaten (der Datenquelle) noch Aktualisierungen vorgenommen werden müssen. Sofern Ihr Quellsystem unvollständig gepflegte Daten enthält, kann es hilfreich sein, diese direkt im Quellsystem nachzupflegen, bevor Sie mit der Planung der zu migrierenden Daten starten.

Als weiterer Fall kann auftreten, dass innerhalb des neuen Systems Daten gefordert werden, die Sie im bisherigen System noch gar nicht erfassen konnten, wie etwa zusätzliche Bankverbindungen der bisher gepflegten Kreditoren oder, um ein Beispiel aus der Vergangenheit heranzuziehen, die Ergänzung von Bankleitzahl und Kontonummer um das Feld IBAN. Hier sollten Sie sich Gedanken machen, in welcher Form diese Datenanreicherung durch Ergänzung weiterer Quellen oder Regeln (etwa die Umwandlung von Bankleitzahl und Kontonummer zur IBAN) erfolgen kann. Diese Überlegung kann selbst bei einer Datenkonversion (Datenübernahme) im Rahmen eines Upgrades (Brownfield-Ansatz) sinnvoll sein, vor allem wenn dadurch Daten obligatorisch werden, die vorher optional waren.

Gerade bei Stammdaten stellt sich oftmals die Frage, ob tatsächlich noch alle Kundenstammdaten übertragen werden müssen. Eventuell lassen sich bestimmte Kunden oder auch Projekte als abgeschlossen bewerten und können im Altsystem verbleiben oder im Rahmen eines geplanten Upgrades ganz gelöscht werden.

Daneben sollte überprüft werden, ob das Auslesen der Daten problemlos funktionieren wird oder im neuen System bestimmte Voraussetzungen (etwa hinsichtlich des Datentyps) zu berücksichtigen sind. Beim Erfassen eines neuen Datensatzes lässt sich direkt feststellen, welche einzelnen Datenfelder verpflichtend und ob diese in den Ausgangsdaten alle vorhanden sind.

Auch das Customizing sollte abgeschlossen sein. So ist z. B. vor der Pflege von Geschäftspartnern das Anlegen der Bankstammdaten erforderlich.

2. Datenbereinigung

Ein gleichfalls wichtiger Punkt im Prozess der Datenmigration ist die Datenbereinigung vor der Übertragung. Insbesondere die Chance der Löschung von Duplikaten sollte im Zuge eines Migrationsprozesses genutzt werden. So führt eine Datenmigration gleichzeitig zu einer höheren Datenqualität, da sich beispielsweise mehrfach angelegte Kreditoren oder Debitoren schon vorab im einheitlichen und inzwischen standardmäßig verwendeten *Geschäftspartner* zusammenfassen lassen sowie unvollständig gepflegte oder auch schon lange nicht mehr genutzte Stammdatensätze nicht in das neue System übernommen werden.

Beachtung rechtlicher Aspekte

So verlockend eine umfassende Datenbereinigung auch sein mag, sollten rechtliche Aspekte dabei auf keinen Fall außer Acht gelassen werden. Gerade wenn aus handels- und steuerrechtlichen Gründen bestimmte Daten über längere Zeiträume aufbewahrt werden müssen, sollten Sie sich auch Gedanken um die Archivierung des »Altsystems« machen und die als notwendig vorzuhaltenden Daten mit den einzelnen Fachabteilungen im Unternehmen sowie mit Ihren Wirtschaftsprüfern abstimmen.

3. Datenzuordnung

Es stellt sich immer wieder die Frage, welche Daten an welcher Stelle im neuen System erfasst werden sollen. Insbesondere die passende Zuordnung der einzelnen Quelldatenfelder (z. B. Name, Anschrift) zu Zieldatenfeldern erleichtert eine spätere Migration und hat daneben den Vorteil, dass Sie sich direkt mit der Struktur des neuen Systems vertraut machen. Außerdem können Sie gleichzeitig mit der Datenzuordnung überlegen, ob einzelne Felder obsolet sind oder bestehende Felder in neuen Zusammenhängen erfasst werden müssen. Sofern Sie sich beispielsweise in einer Exceltabelle schon vorab überlegt haben, welche Daten wie zusammenpassen, ist der nächste Schritt um einiges einfacher.

4. Datenübertragung

Nach erfolgreicher Zuordnung der einzelnen Datenfelder geht es direkt an die Umsetzung. Hier ist zu entscheiden, ob Sie eine technische Verbindung zwischen Quell- und Zielsystem herstellen wollen, die Daten von Ihnen vorab aus dem Quellsystem exportiert werden müssen (etwa über eine Datenbankabfrage oder einen vorhandenen Bericht) oder ob diese ohnehin schon z. B. in Form einer CSV-Datei vorliegen. An dieser Stelle kommt erstmals die Technik zum Transfer Ihrer Daten und damit die Entscheidung ins Spiel, welches Migrationstool Sie auswählen möchten. Eine Auseinandersetzung mit der jeweils dahinterliegenden Technik wird nun unumgänglich.

Doch bevor wir die Migrationstools (für unser Buch natürlich LTMC und LTMOM) näher betrachten, nehmen wir im Folgenden die finalen Schritte zur praktischen Umsetzung der Migration vor.

5. Test der Datenmigration

Egal, wie sicher Sie sich bei der Vorbereitung sind, bei jeder Datenmigration (wie auch bei der Einführung jeder sonstigen neuen Technik) sollte dem Testen immer ein fester Platz eingeräumt werden. Sofern Sie mehrere Datensätze einzuspielen haben, empfiehlt es sich, erst einmal nur eine kleine Auswahl an Daten zu übertragen (bspw. ein bis zehn Datensätze) und dann zu kontrollieren, ob das Ergebnis auch Ihren Erwartungen entspricht. Seitens der SAP werden vier bis fünf Migrationszyklen empfohlen, bevor Sie dann tatsächlich alle Daten übertragen.

Testen, testen, testen und kontrollieren

Eine sehr lehrreiche persönliche Erfahrung, die mir die Notwendigkeit von Kontrollen und Tests von Datenmigrationen schmerzlich vor Augen geführt hat, war eine fehlerhaft aufgezeichnete Einspielung von Stammdatenänderungen bei CO-Innenaufträgen. Das Migrationstool hat leider das Feld »Profitcenter« beim

Innenauftrag nicht ignoriert, sondern bei sämtlichen Innenaufträgen fest ein identisches Profitcenter eingetragen. Da im Anschluss auch noch eine größere Abrechnung ins SAP-System erfolgte, blieben mir die umfangreichen Korrekturarbeiten sehr gut im Gedächtnis – und unsere SAP-Basis versäumt es seither nicht, mich am Jahrestag dieser Stammdatenpflege liebevoll daran zu erinnern.

6. Datenvalidierung

Eine Prüfung der Dateneingaben kann zu der Feststellung führen, dass bestimmte Quelldaten nicht in der bisherigen Form in das neue System übernommen werden können. Hier punkten insbesondere die Migrationstools, bei denen schon im Verlauf der Datenmigration geprüft werden kann, ob die vorliegenden Eingaben Sinn ergeben oder angepasst werden müssen. Auf Wikipedia fasst das die folgende Definition schön zusammen:

> *»Validierung versteht sich als Test auf Plausibilität (englisch Sanity Check), bei dem ein konkreter Wert darauf geprüft wird, ob er zu einem bestimmten Datentyp gehört oder in einem vorgegebenen Wertebereich oder einer vorgegebenen Wertemenge liegt«*

(siehe *10305* oder *https://de.wikipedia.org/wiki/Datenvalidierung*, aufgerufen am 10.03.2020).

Ein klassisches Beispiel für eine notwendige Datenvalidierung ist, dass Länderschlüssel oder bestimmte Kennzeichen im Zielsystem nicht vorhanden sind. Außerdem kann es vorkommen, dass im Quellsystem Schlüssel gepflegt sind, die im Zielsystem nicht mehr verwendet werden sollen. Insbesondere wenn mehrere Tochtergesellschaften in ein einheitliches System innerhalb eines Konzerns zu migrieren sind, dürfte die Welt der unterschiedlich gepflegten Daten sehr bunt sein.

1.4 Keine erfolgreiche Datenmigration ohne Kommunikation

Bei jedem SAP-Projekt, so auch bei einer Datenmigration, ist das wichtigste »Tool« in Ihrem Werkzeugkasten die Kommunikation mit den Fachanwendern und Key-Usern in den einzelnen Abteilungen. Sie werden im Idealfall gemeinsam mit Ihnen die zu migrierenden Daten erheben, aber auch gegebene Abhängigkeiten und Notwendigkeiten aus dem bisherigen Alltag mit dem SAP-System sowie Besonderheiten in Ihrem Unternehmen kennen – und auch manch kreativ anmutende Datenpflege erläutern können.

2 Vorgängertechniken unter SAP ERP

Nachdem Sie nun die Grundbedingungen für eine Datenmigration kennen, werden in diesem Kapitel Tools und Techniken vorgestellt, mit denen im SAP-ERP-System Daten automatisch eingespielt wurden bzw. werden. Dies ermöglicht Ihnen in den weiteren Abschnitten den direkten Vergleich mit der neuen Migrationswelt. Gerade beim Thema »Massenstammdatenpflege« kamen bisher sowohl mit eCATT als auch mit LSMW Techniken zum Einsatz, die mit den Nachfolgern LTMC und LTMOM unter S/4HANA die eine oder andere Verbesserung erfahren haben.

Ich habe in der Vergangenheit Erfahrungen mit den unterschiedlichsten SAP-ERP-Tools für eine erfolgreiche Migration, Massenstammdatenpflege oder auch Massenerfassung von Daten gesammelt. Eines davon ist der Klassiker namens *eCATT*, ein anderes die Vorgängerin des Migrationscockpits – die sogenannte *Legacy System Migration Workbench (LSMW)*. Für beide werde ich Ihnen nachfolgend kurz die Vorgehensweise vorstellen. Daneben verweise ich im Abschnitt 2.3 auf zwei weitere Möglichkeiten der Massenstammdatenpflege.

2.1 Das erweiterte computergestützte Test-Tool (eCATT)

Unter *CATT* werden *Computer Aided Test Tools* verstanden, und so ist es nicht weiter verwunderlich, dass diese im SAP-Menü unter WERKZEUGE • ABAP WORKBENCH • TEST • TEST WORKBENCH • TESTTOOLS zu finden sind. Eigentlich sind diese Werkzeuge zum automatisierten Testen von neuen Funktionen gedacht, aber durch die Möglichkeit der Übergabe von Daten und des Aufzeichnens von Transaktionen eignen sie sich auch als Migrationstools, sofern von vornherein klar ist, an welcher Stelle die einzelnen Daten eingetragen werden. Hier finden Sie sowohl die Transaktion *SECATT* (ruft das »extended CATT« oder auch »eCATT« auf) als auch *SCAT* »CATT«.

Meine Erfahrungen mit der Transaktion *SCAT* habe ich im SAP R/3 4.6b gesammelt; leider ist es heute nicht mehr direkt nutzbar. »Alte« Testfälle können jedoch weiterhin ausgeführt werden, aber eine aktuelle Pflege oder gar Neuanlage ist darüber nicht mehr möglich. Stattdessen wird direkt auf die Nachfolgetransaktion *SECATT* verwiesen.

SAP-System für eCATT vorbereiten

Die notwendigen Schritte, um Ihr SAP-System für den Einsatz von eCATT einzurichten, sind im OSS-/SAP-Hinweis 519858 »SAP-Systeme für Verwendung von eCATT einrichten« beschrieben.

Im Wesentlichen ist die Erstellung eines Testszenarios mit eCATT in vier aufeinander aufbauenden Schritten möglich. Hierbei möchte ich nicht auf das Einrichten dieses Tools eingehen, sondern lediglich die einzelnen Schritte anhand eines kleinen Beispiels erläutern, sodass Sie sich einen Eindruck von den Funktionen dieses Tools machen und später die Unterschiede zum neuen Werkzeug der SAP leichter erfassen können.

Als Exempel zeichne ich die Transaktion zum Anlegen eines Profitcenters (Transaktion *KE51*) auf. Hierzu rufen wir die Transaktion *SECATT* auf und gelangen auf den in Abbildung 2.1 gezeigten Startscreen.

Jeder der vier Einzelschritte entspricht einem eigenständigen Objekt. Auf diese möchte ich im Folgenden kurz eingehen.

❶ Unter Systemdaten können Sie mehrere Systeme hinterlegen. Falls Sie auf diverse SAP-Systeme zugreifen wollen, ist es empfehlenswert, mit Ihrer SAP-Basis bezüglich der Pflege des Systemdatencontainers zu sprechen. Sofern Sie Ihren eCATT direkt im aktiven System ablaufen lassen wollen, ist eine Pflege der Systemumgebung nicht zwingend notwendig. Aber gerade das vorherige Testen im Q-System kann Vorzüge haben und helfen, spätere Folgen einer fehlerhaften Aufzeichnung zu vermeiden.

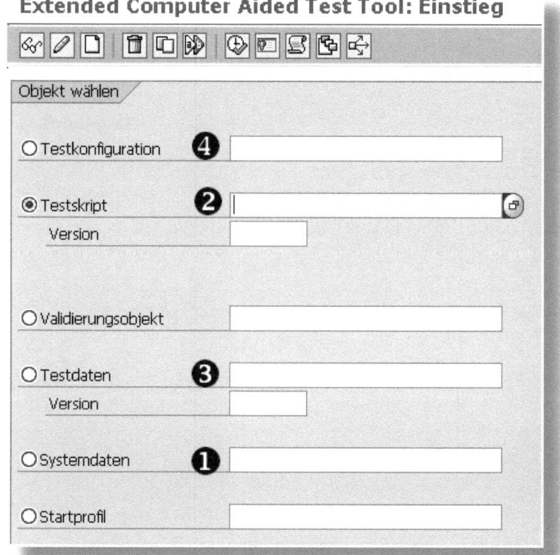

Abbildung 2.1: Einstiegsbildschirm Transaktion SECATT

SAP-Systemlandschaft

In einer Mehrsystemlandschaft wird zwischen Entwicklungs-, Qualitätssicherungs- und Produktivsystem unterschieden. Das Customizing erfolgt im Entwicklungssystem, und die Einstellungen werden vor der Freigabe im Produktivsystem erst einmal im Testsystem (Qualitätssicherungssystem oder auch Konsolidierungssystem) geprüft, bevor sie ins Produktivsystem übertragen werden. Meistens sind diese Systeme mit den Buchstaben **D**(evelopment), **Q**(uality) und **P**(roductivity) gekennzeichnet.

❷ Unter Testskript wird die eigentliche Aufzeichnung Ihres Testfalls angelegt. Das Testskript enthält die Daten, die Sie später im System anlegen oder ändern wollen. In unserem Beispiel werden wir als Testskript die Transaktion *KE51* aufzeichnen.

❸ Unter Testdaten wird eine Datei erzeugt, die Sie später als Grundlage für Ihren Upload verwenden. Es handelt sich dabei um eine CSV-Datei, die nach dem Muster Ihrer im Testskript erstellten Aufzeichnung gefüllt wird.

❹ Unter Testkonfiguration werden schließlich Testskript und Testdaten zusammengeführt und der eigentliche Test ausgeführt. Dabei können Sie direkt über die Art und Weise der Datenübernahme entscheiden.

Nachfolgend durchlaufen wir die Schritte anhand unseres Beispiels.

Testskript anlegen

Zum Einspielen von Stammdaten für Profitcenter muss als Erstes ein Testskript angelegt werden. Hierzu geben wir in der Transaktion *SECATT* die Bezeichnung *ZBUCH_KE51* ein und legen das Skript über die Schaltfläche 🗋 oder die Taste F5 an, wie es auch in Abbildung 2.2 zu sehen ist.

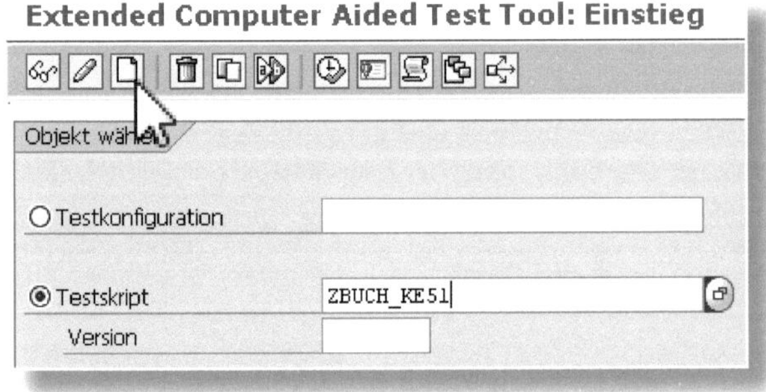

Abbildung 2.2: SECATT – Testskript anlegen

Nachdem wir in Abbildung 2.3 sowohl den Titel ❶ (hier: *Transaktion KE51 Profitcenter anlegen*) als auch die Anwendungskomponente (hier: *CO*) hinterlegt haben, zeichnen wir die Transaktion KE51 auf.

Abbildung 2.3: Attribute für Testskript festlegen

Hierzu können wir über die Schaltfläche Muster oder die Tastenkombination Strg + F6 ein Muster für das Testskript anlegen. Daraufhin öffnet sich das Fenster Muster einfügen, in dem wir unter Gruppe ❶ die Option *UI-Ansteuerung* und als Kommando ❷ *TCD (Record)* auswählen (siehe Abbildung 2.4). Erst danach kann als Transaktion unter ❸ der Transaktionscode *KE51* eingetragen werden.

I68(1)/850 Muster einfügen

Gruppe ❶ UI-Ansteuerung

Kommando ❷ TCD (Record)

Transaktion ❸ KE51

Schnittstelle

Metadaten für Testobjekt abrufen

Abbildung 2.4: Muster einfügen

Nachdem Sie diese Angaben mit der Schaltfläche ✔ bestätigt haben, wird vom System automatisch als Schnittstelle *KE51_1* eingetragen. Nach nochmaliger Bestätigung per ✔ können Sie die Transaktion KE51 aufzeichnen. Diese wird direkt in einem neuen Modus ausgeführt, in dem Sie Ihren ersten Datensatz anlegen können (siehe Abbildung 2.5).

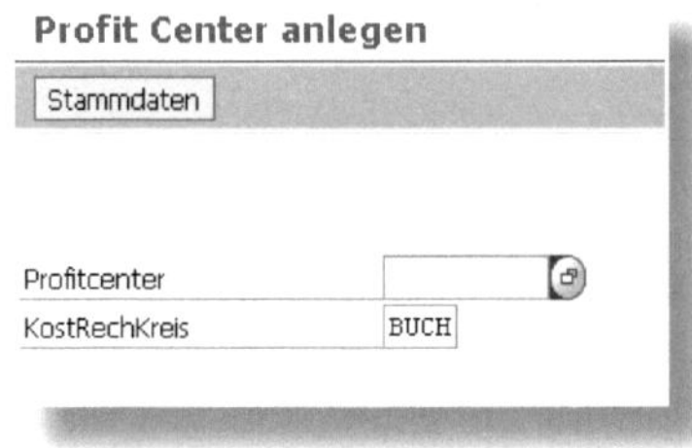

Abbildung 2.5: Transaktion KE51

Nach Abschluss der Aufnahme werden Sie gefragt, ob diese Daten übernommen werden sollen (siehe Abbildung 2.6).

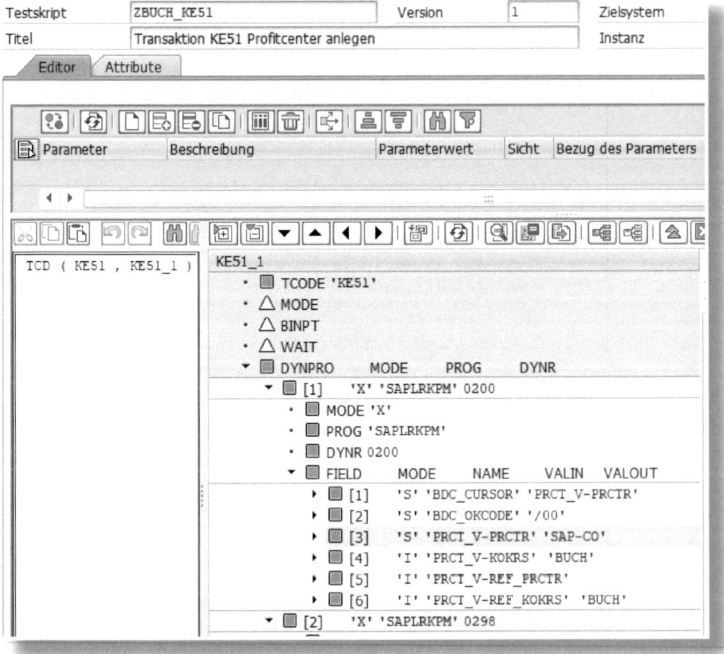

Abbildung 2.6: Aufzeichnung beenden

Wenn Sie auf Ja klicken, gelangen Sie direkt auf den Reiter Editor im Testskript (siehe Abbildung 2.7).

Abbildung 2.7: Testskript – Editor

Im Editor sehen Sie die Anweisung zur Ausführung des Transaktionscodes *TCD KE51* sowie die Schnittstelle *KE51_1*. Doppelklicken Sie hier auf die Schnittstelle. Im folgenden Bild erhalten Sie einen Überblick über alle von Ihnen bei der Aufzeichnung gepflegten Stammdatenfelder.

Innerhalb der Kommandoschnittstelle sehen Sie nun die einzelnen Dynpros (technisch entspricht ein Dynpro genau einer Bildschirmseite der aufgezeichneten Transaktion) sowie die für jedes Feld zugewiesenen Werte, die Sie beim Aufzeichnen der Transaktion angegeben haben. In Abbildung 2.8 ist dieses für das Einstiegsbild (Dynpro 0200) der Transaktion KE51 *Profitcenter anlegen* das Feld für das Profitcenter (PRCT_V-PRCTR, hier gelb hervorgehoben); in diesem Fall soll ein Profitcenter *'SAP-CO'* angelegt werden.

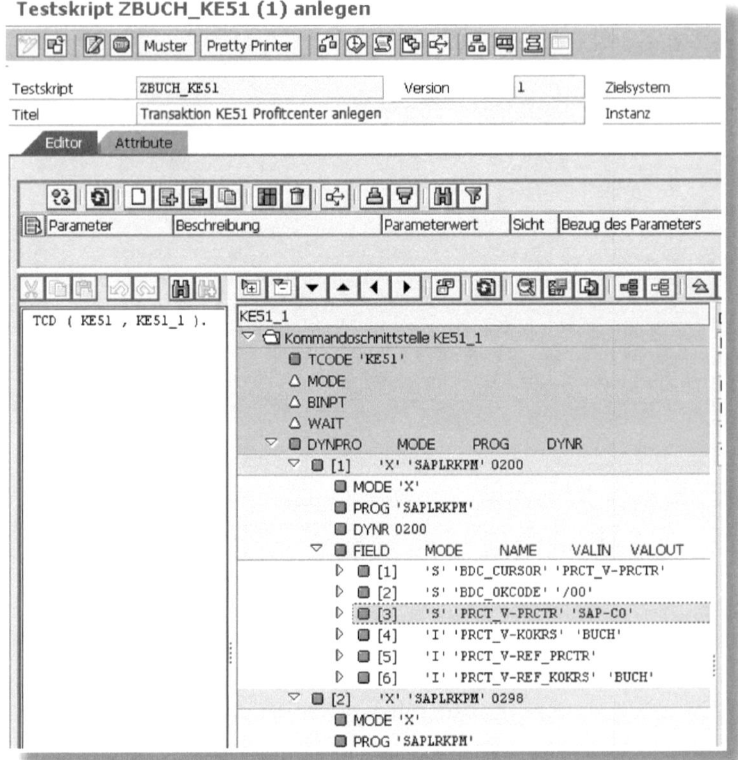

Abbildung 2.8: Kommandoschnittstelle KE51_1

Da es relativ sinnfrei wäre, für jeden Datensatz einen eigenen eCATT aufzuzeichnen, besteht die Möglichkeit, statt eines festen Wertes eine Variable bzw. einen Parameter einzutragen. Wie im Beispiel in Abbildung 2.9 dargestellt, klicken Sie dafür doppelt auf das markierte Feld und überschreiben den Wert im Feld VALIN (in Abbildung 2.9 mit *'SAP-CO'* gefüllt ❶) mit einem neuen Namen ohne Anführungszeichen (im Beispiel *PROFITCENTER* ❷), um diesen als Importparameter ❸ zu setzen.

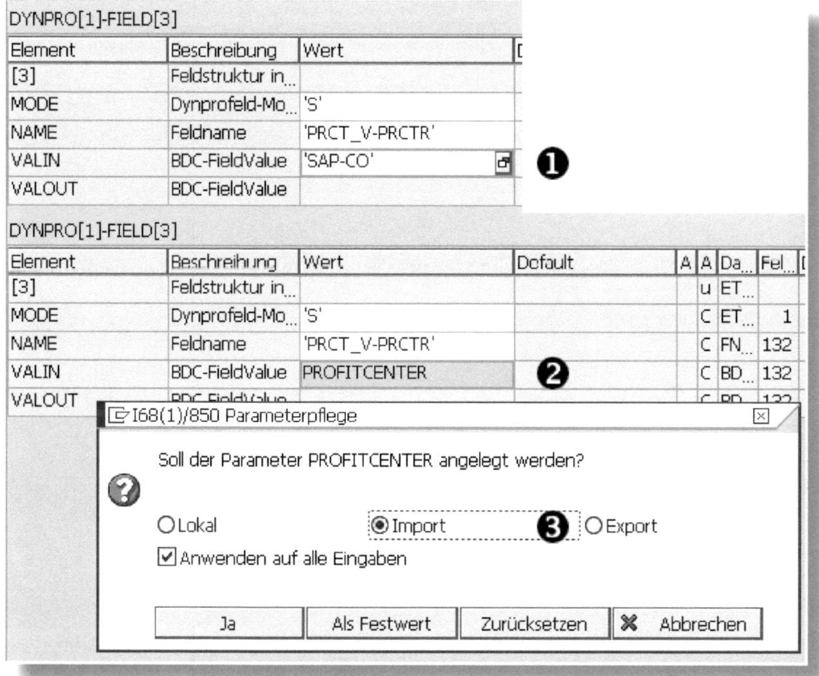

Abbildung 2.9: Parameterpflege

Durch die Anlage als Importparameter ist das Feld *PROFITCENTER* ein Platzhalter (Variable), dem Sie beim Aufruf des eCATT später einen Wert zuweisen können. Damit legen Sie nicht immer das gleiche Profitcenter *'SAP-CO'* an, sondern können unterschiedliche einspielen.

Auf diese Weise können Sie mit allen Feldern verfahren, zu denen Sie später einen Wert einspielen wollen. Die einzelnen Parameter werden zu den Überschriften in Ihrer Upload-Datei. Als Beispiel habe ich nun einige Parameter zugewiesen, die im oberen Abschnitt des Editors (siehe Abbildung 2.10) als Tabelle aufgeführt werden.

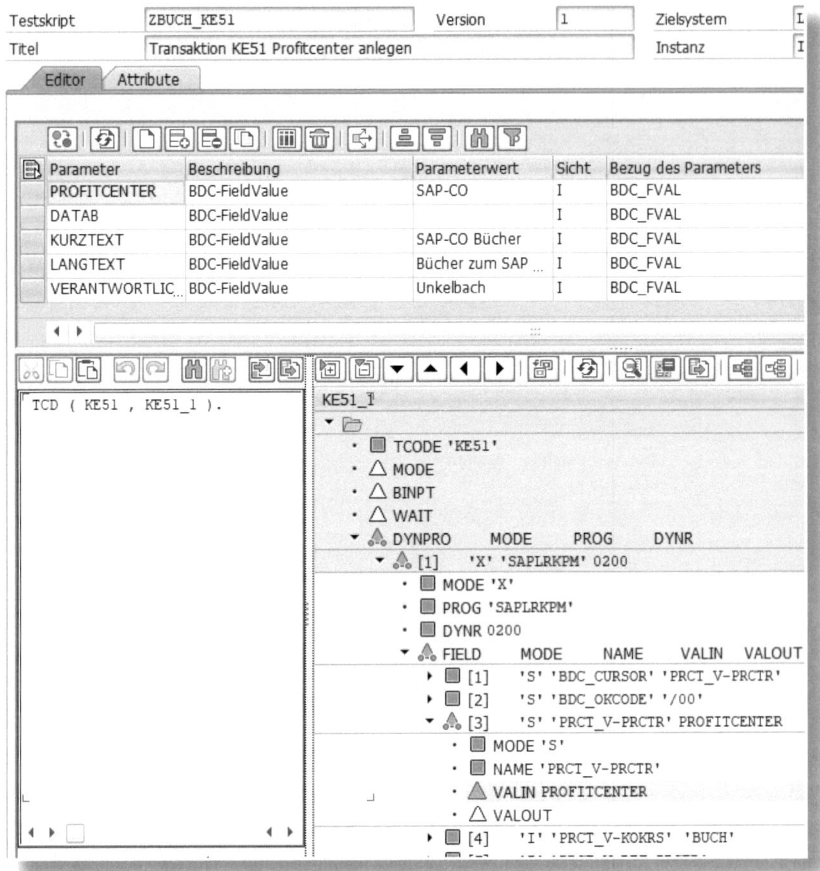

Abbildung 2.10: Testskript Parameter

Neben der gewählten Bezeichnung für den PARAMETER sind hier als PARAMETERWERT die in der Transaktionsaufzeichnung eingegebenen Werte aufgeführt. Diese werden als Defaultwerte für die Parameter angesehen, sodass meine Empfehlung ist, die Einträge in dieser Spalte wie beim Parameter *DATAB* zu löschen und jeweils mit leerem Defaultwert fortzufahren.

Risiko von Defaultwerten

Hinterlegte Standardwerte (Defaultwerte) für einzelne Parameter bergen immer das Risiko, dass beim Einspielen von Daten ungewollt der Standardwert herangezogen wird und damit für fehlende Werte in der Quelldatei dieser statt kein Wert genommen wird. In unserem Beispiel würde der Parameter LANGTEXT mit »*Bücher zum SAP-Modul CO*« gefüllt werden, wenn in den einzuspielenden Profitcenterstammdaten kein Langtext mitgegeben wird.

Ferner hat sich das Symbol vor VALIN PROFITCENTER von einem gelben (hellen) in ein blaues (dunkles) Dreieck verwandelt (siehe Abbildung 2.10). Damit ist direkt ersichtlich, dass dieses Feld über einen von Ihnen gewählten Parameter einen Wert zugewiesen bekommt. Ein gelbes Feld besagt, dass kein Wert vorgegeben wird. Sofern Sie stattdessen einen Festwert bestimmt haben (womit jedes Mal erneut derselbe Wert genommen wird), ist das Dreieck grün gefärbt.

Testdaten anlegen

Hiermit sind alle Parameter gesetzt, und Sie können das Testskript speichern. In den folgenden Schritten müssen Sie noch die Testdaten erstellen. Zu diesem Zweck wählen Sie in der Transaktion SECATT den Punkt TESTDATEN (❸ in Abbildung 2.1) und legen diese mit der Schaltfläche 🗋 an. Dabei empfiehlt es sich meiner Meinung nach, hier einen vergleichbaren Namen wie für das Testskript zu wählen und diesen ggf. um _TD zu erweitern. Der gleichen Logik folgend sollten Sie entsprechend für das Testskript _TS ergänzen. Auch im sogenannten *Testdatencontainer* weisen Sie unter ATTRIBUTE • ALLGEMEINE DATEN einen TITEL ❶ und die ANWENDUNGSKOMPONENTE ❷ zu (siehe das Beispiel in Abbildung 2.11).

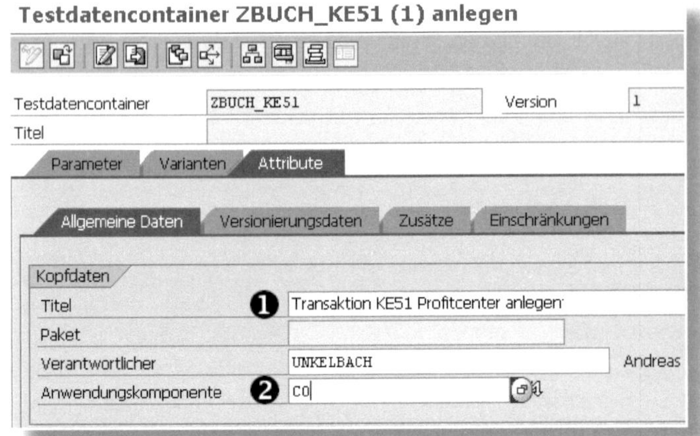

Abbildung 2.11: Testdatencontainer – Kopfdaten

Daraufhin können Sie über Bearbeiten • Parameter importieren ❶ die im Testskript angelegten Parameter zur Übertragung auswählen ❷ (siehe Abbildung 2.12).

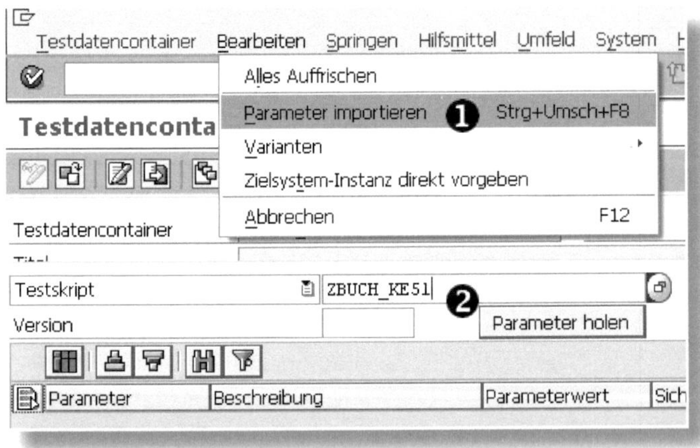

Abbildung 2.12: SECATT – Parameter holen

Markieren Sie links die relevanten Parameter und übertragen Sie diese nach rechts in den Testcontainer, indem Sie erst die Schaltfläche ▶ ❶ und anschließend die Schaltfläche Übernehmen ❷ anklicken (siehe Abbildung 2.13).

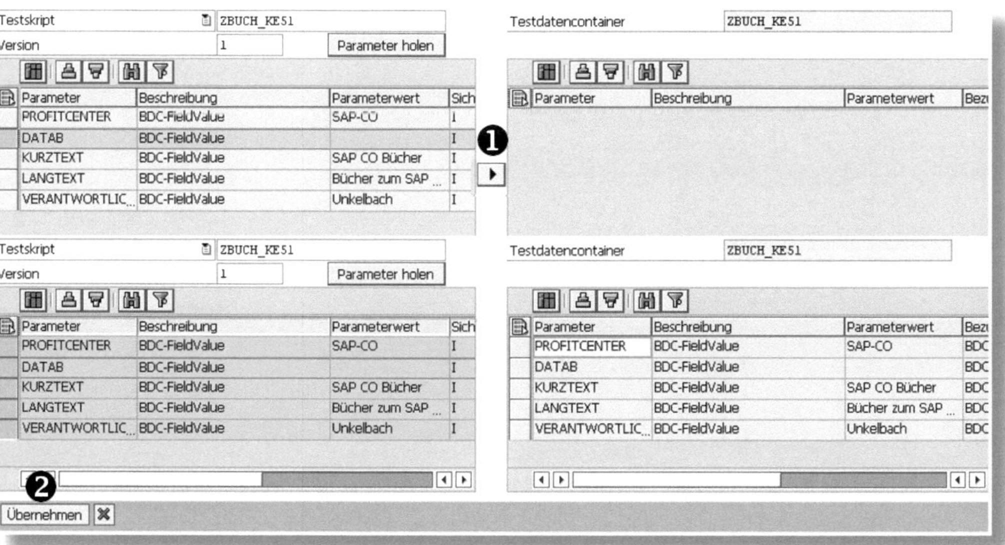

Abbildung 2.13: Parameter aus Testskript in den Testdatencontainer übernehmen

Bevor Sie den Testdatencontainer sichern, ist es sinnvoll, über die Schaltfläche ❶ die gepflegten Parameter als Variante herunterzuladen und als Vorlagedatei (CSV) bzw. Textdatei ❷ (wie in Abbildung 2.14) zu speichern.

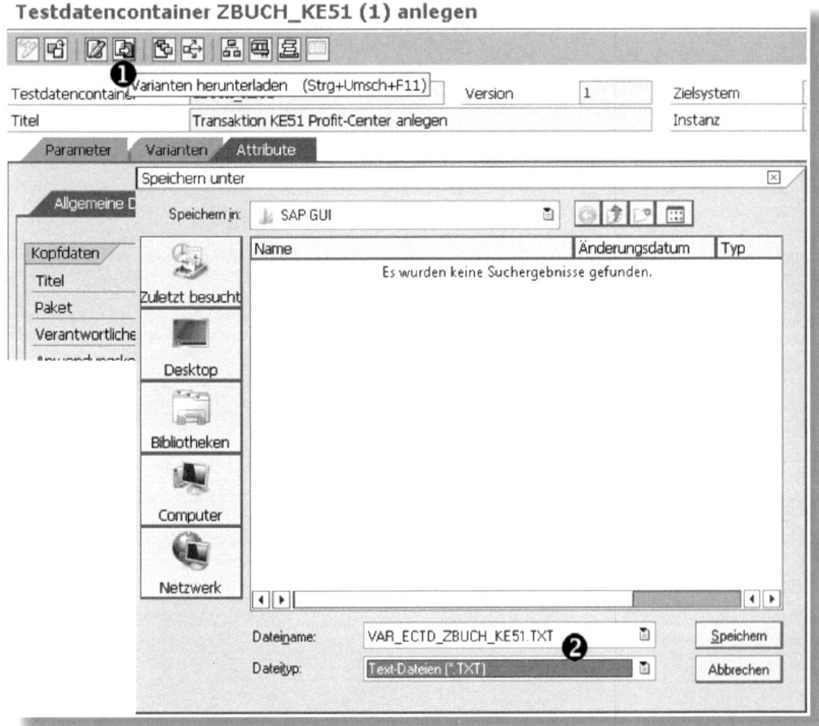

Abbildung 2.14: SECATT – Variante herunterladen

Die heruntergeladene Datei können Sie später z. B. in Excel bearbeiten und die anzulegenden Profitcenter dort gemäß Abbildung 2.15 pflegen.

	A	B	C	D	E	F	G
1	[VARIANT]	[DESCRIPTION]	PROFITCENTER	DATAB	KURZTEXT	LANGTEXT	VERANTWORTLICHER
2	*		BDC-FieldValue	BDC-FieldValue	BDC-FieldValue	BDC-FieldValue	BDC-FieldValue
3	*ECATTDEFAULT		SAP-CO		SAP CO Bücher	Bücher zum SAP Modul CO	Unkelbach
4	1		SAP-FI	01.01.2018	SAP FI Bücher	SAP Finanzbuchhaltung	Lotse
5	2		SAP-PSM	01.01.2018	SAP PSM Bücher	SAP Public Sector Management	
6	3		SAP-HCM	01.01.2018	SAP HCM Bücher	SAP Personalwesen	

Abbildung 2.15: Varianten pflegen in Excel

Zu beachten ist hier, dass in der Spalte [VARIANT] ab Zeile 4 eine fortlaufende Nummer (im Beispiel 1, 2, 3 ...) zu wählen ist, um beim Einspielen den Datensatz zu identifizieren. Wie bei der Anlage des Testskripts erwähnt, wurden die einzelnen Parameter als Überschriften übernommen und können mit Werten – wie ab Zeile 4 zu sehen – gefüllt werden.

Nachdem Sie alle notwendigen Datensätze erfasst haben, muss die Datei im Anschluss an die Bearbeitung in Excel als Dateiformat »Text (Tabstopp-getrennt) (*.txt)« mittels Speichern unter gesichert werden. Schließen Sie danach die Datei, denn sie darf beim Einspielen der Daten nicht geöffnet sein. Auch der Testdatencontainer kann wieder als lokales Objekt gespeichert werden.

Testkonfiguration erstellen

Nach Testskript und Testdaten ist anschließend über die Schaltfläche [ ] noch eine *Testkonfiguration* anzulegen (siehe Abbildung 2.16).

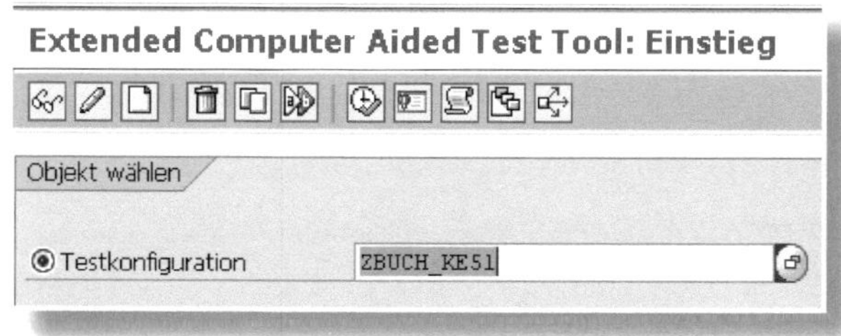

Abbildung 2.16: SECATT Testkonfiguration

Tragen Sie im sich öffnenden Screen einen Titel ❶ sowie die Anwendungskomponente ❷ ein und wechseln Sie über ❸ in das Register Varianten. Über Externe Varianten ❹ wählen Sie Ihre heruntergeladene und bearbeitete Testdatei aus, so wie in Abbildung 2.17 gezeigt.

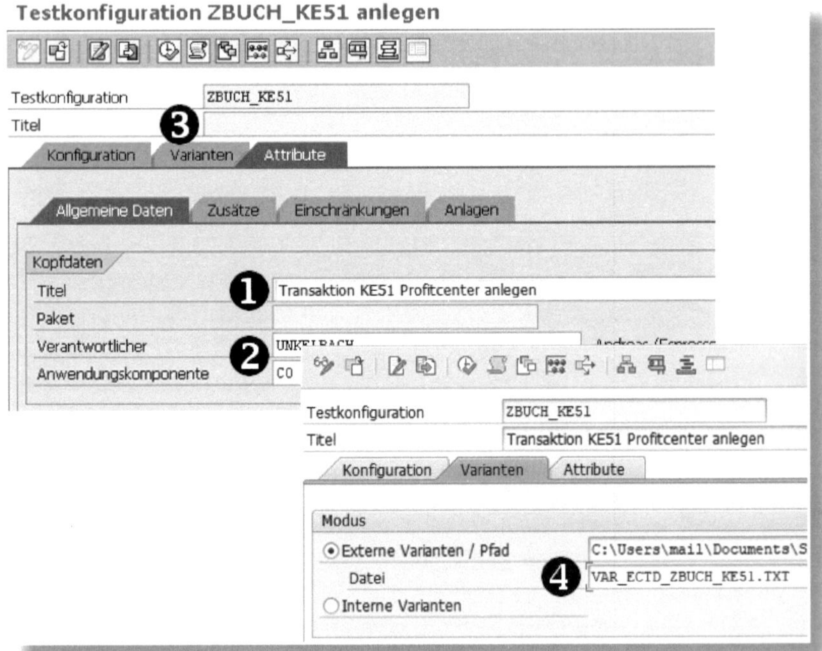

Abbildung 2.17: Externe Variante und Pfad festlegen

Im Anschluss wechseln Sie auf die Registerkarte KONFIGURATION und weisen Ihrer Testkonfiguration das zuvor angelegte Testskript zu (siehe Abbildung 2.18).

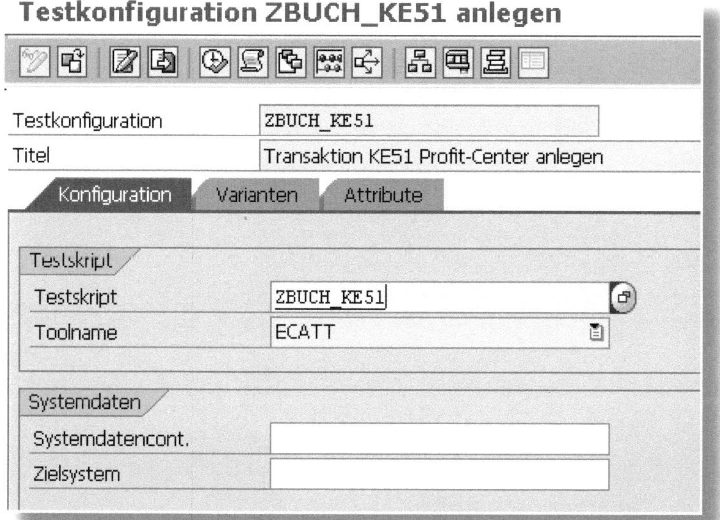

Abbildung 2.18: Testkonfiguration Zuordnung Testskript

Sofern Sie mit mehreren Systemen arbeiten, können Sie hier auch im Bereich SYSTEMDATEN anhand eines SYSTEMDATENCONTAINERS Ihr ZIELSYSTEM für diesen Test anlegen.

Nachdem nun alle Angaben gemacht sind, können Sie entweder die Testdatenkonfiguration speichern oder über die Schaltfläche [icon] direkt ausführen (siehe Abbildung 2.19 sowie die Hinweise im folgenden Kasten »Locher-CATT«).

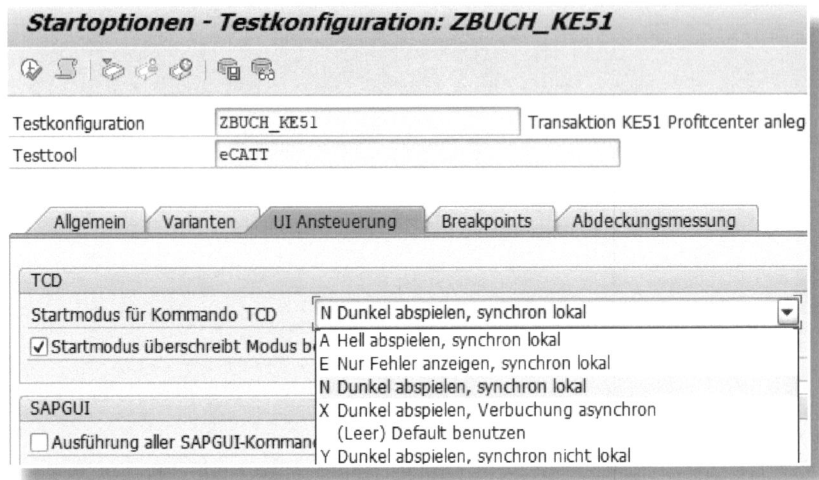

Abbildung 2.19: Startoptionen SECATT

Durch das Ausführen der Testkonfiguration wird für jede Variante (entsprechen den Zeilen in Ihrer CSV-Datei, siehe Abbildung 2.15) das Testskript durchlaufen, und für die Felder (Profitcenter, Kurztext ...) werden die Parameterwerte aus der CSV-Datei übernommen. Die Transaktionsaufzeichnung wird nun mehrfach durchlaufen, nur dass diesmal nicht Sie die Werte eintragen, sondern diese aus der CSV-Vorlage kommen.

Für die Ausführung stehen je nach Bedarf und Anzahl der Datensätze verschiedene Abspieloptionen zur Verfügung. Im weiteren Verlauf werden die Daten aus der Textdatei eingelesen, das Testskript ausgeführt und die jeweiligen Parameter mit den Werten aus der Variantendatei übergeben.

Locher-CATT

Neben anderen Optionen (z.B. zur Vorgehensweise bei Fehlern) können Sie im Register UI Ansteuerung aus Abbildung 2.19 auch die Abspielweise des CATT (Startmodus für Kommando TCD) bestimmen. Normalerweise ist hier *N Dunkel abspielen, synchron lokal*

ausgewählt, wodurch Sie nur angezeigt bekommen, dass Daten eingespielt werden (Fortschrittsanzeige), aber nicht, wie die Felder gefüllt werden. Durch die Option *A Hell abspielen, synchron lokal* sehen Sie sowohl die einzelnen Felder als auch die Aufzeichnung. Sie müssen jeden Schritt einzeln über die Taste `Enter` bestätigen.

Und so kam denn auch der Name zustande:

Wenn diese Option aus Versehen für eine Datei mit mehreren hundert Zeilen gewählt wurde, einige Zeilen des CATT aber schon ohne Probleme durchlaufen waren, hat man in der Vergangenheit einfach die Entertaste durch einen Locher beschwert, um jede Rückfrage automatisch zu bestätigen, und sich derweil einen Kaffee geholt – damit war der Begriff *Locher-CATT* geboren.

Auch wenn SECATT eigentlich für die Aufzeichnung von Testfällen gedacht ist, kann dieses Test-Tool auch für wiederkehrende Aufgaben nützlich sein, sofern sich nicht innerhalb der Transaktion die Position einzelner Felder ändert. So ermöglicht es im Rahmen einer Migration grundsätzlich auch das Einspielen von Stammdaten und könnte als abgespecktes Migrationstool oder zur Massenstammdatenpflege genutzt werden. Unter S/4HANA steht SECATT weiterhin zur Verfügung.

Kurzdokumentation SECATT

Eine ausführlichere Anleitung der erforderlichen Schritte finden Sie im Artikel »Massenstammdatenpflege mit LSMW oder SECATT dank Transaktionsaufzeichnung« auf meinem Blog unter *10306, https://www.andreas-unkelbach.de/blog/index.php?go=show&id=944*.

2.2 Legacy System Migration Workbench

Vorgängerin des Migrationcockpits in S/4HANA ist die Legacy System Migration Workbench (LSMW), die sich über den Transaktionscode

LSMW starten lässt. Hier können Datenübernahmeprojekte mit Teilprojekten angelegt werden, denen wiederum einzelne Objekte zugeordnet sind. Dies möchte ich an unserem bisherigen Beispiel konkretisieren: Es liegt das Projekt *LSMW* mit dem Teilprojekt *CO* sowie dem Objekt *PCTR* zur Anlage von Profitcentern zugrunde, das in Abbildung 2.20 über die Schaltfläche angelegt und mit den entsprechenden Bezeichnungen versehen wurde.

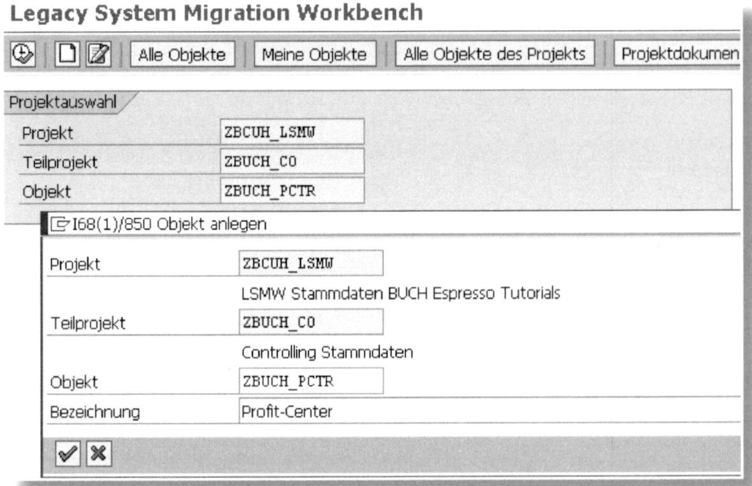

Abbildung 2.20: LSMW – Projektauswahl

Im Anschluss können die einzelnen Arbeitsschritte in einer vorgegebenen Reihenfolge (siehe Abbildung 2.21) gewählt und über die Schaltfläche ausgeführt werden.

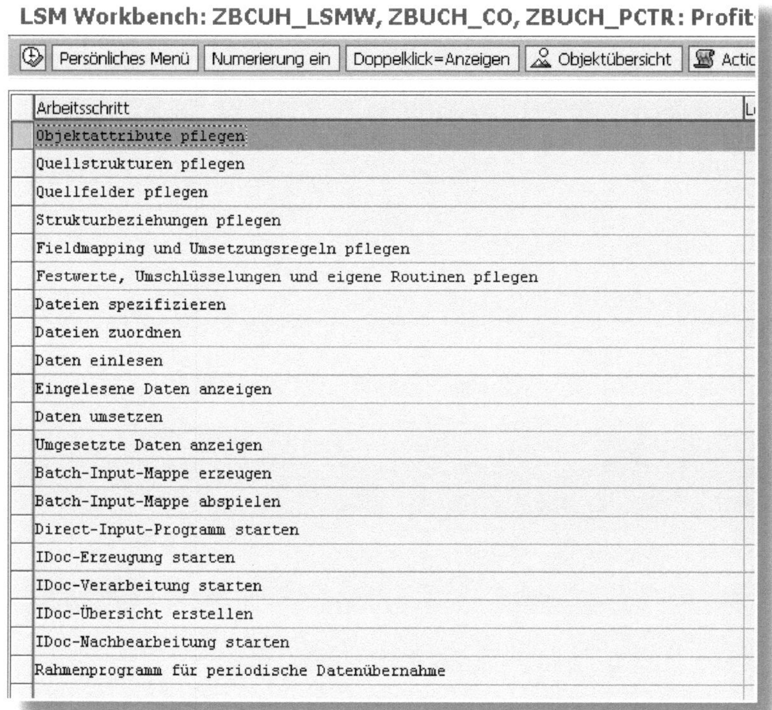

Abbildung 2.21: Arbeitsschritte LSMW

Für den ersten Schritt Objektattribute pflegen (siehe Abbildung 2.22) gehen Sie zuerst auf die Schaltfläche [Anzeigen <-> Ändern] ❶ und legen im Bereich Batch-Input-Aufzeichnung über die Schaltfläche ❷ eine Aufzeichnung ❸ an.

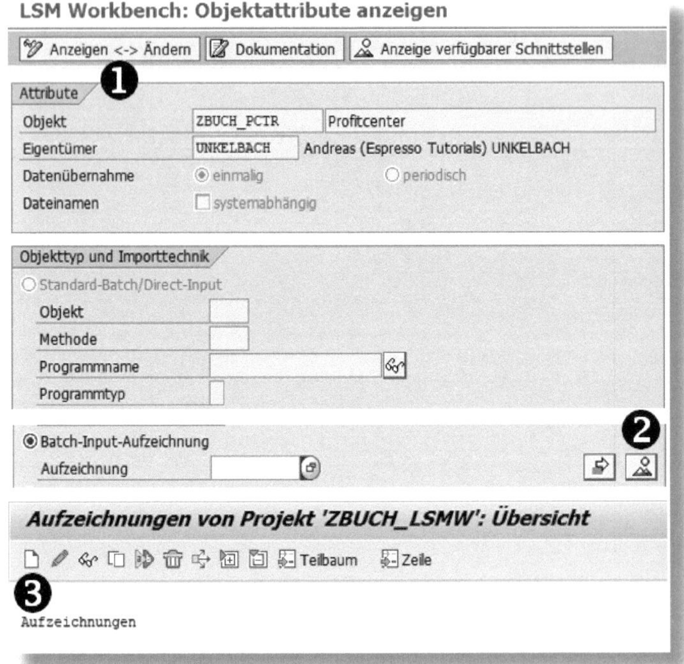

Abbildung 2.22: Batch-Input-Aufzeichnung

An dieser Stelle sind, wie in Abbildung 2.23 zu sehen, die Aufzeichnung selbst, eine Bezeichnung ❶ sowie im nächsten Schritt der Transaktionscode ❷ anzugeben.

Die angegebene Transaktion *KE51* kann nun, wie auch beim eCATT, aufgezeichnet werden, um hier entsprechende Stammdaten zum Profitcenter in einer passenden Vorlage zu erfassen.

Die einzelnen gepflegten Felder (links) können nun über die auf der rechten Seite markierten Felder mit einem Namen versehen werden. Diese dienen in den nicht weiter beschriebenen nachfolgenden Schritten als Bezugspunkte für Ihre Quelldatei. Neben einer Bezeichnung, die ein Feld näher beschreibt, lassen sich auch Vorschlagswerte eintragen bzw. diese werden aus der Aufzeichnung vorgeschlagen.

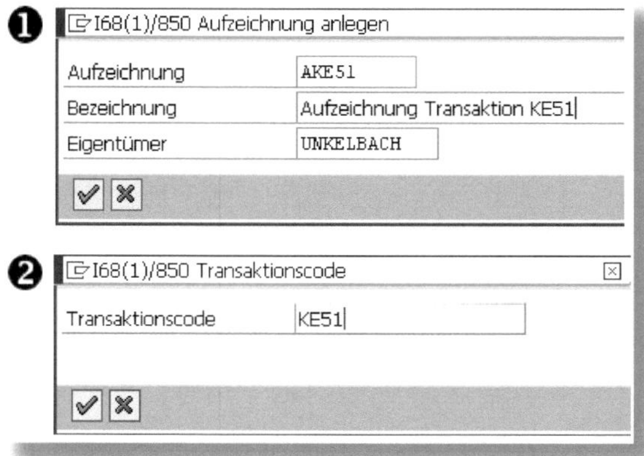

Abbildung 2.23: Aufzeichnung anlegen

In Abbildung 2.24 wird dies am Feld *Profitcenter SAP-FI* ❶ dargestellt. Als NAME ❷ ist hier die technische Feldbezeichnung *PRCTR* und als BEZEICHNUNG ❸ *Profitcenter* eingetragen.

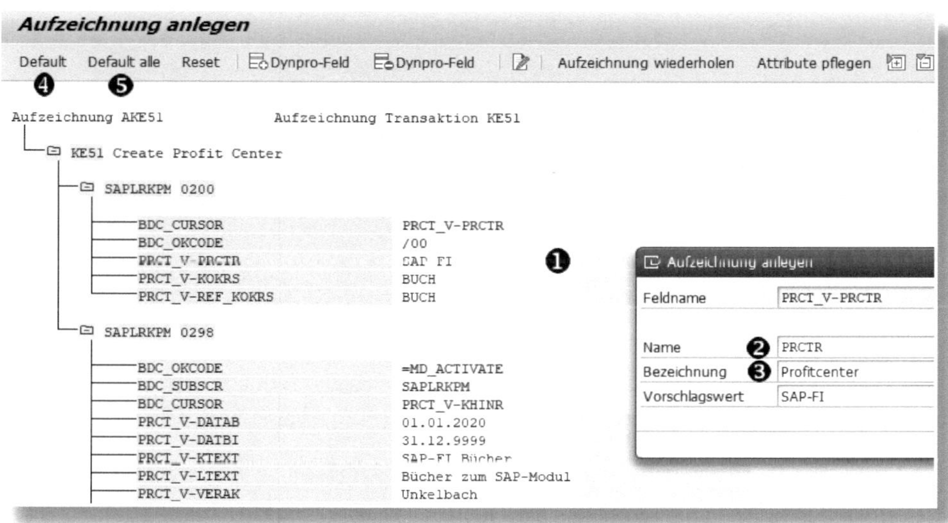

Abbildung 2.24: Aufzeichnung mit Namen versehen

Alternativ könnten Sie Namen und Bezeichnungen vom SAP-System vorschlagen lassen, und zwar mittels der Schaltfläche Default ❹ für einzelne oder durch Default alle ❺ für alle Felder in der Aufzeichnung.

Nachdem alle Objekte gepflegt worden sind, kehren Sie über die Schaltfläche in der Standardsymbolleiste zur Projektpflege zurück.

Risiko Vorschlagswerte

Es ist sehr empfehlenswert, das Feld Vorschlagswert leer zu lassen, wenn Sie nicht absolut sicher sein können, dass es aus Ihren Quelldaten gefüllt wird. Wenn ein Wert in der Quelldatei nicht existiert, wird automatisch der Vorschlagswert übernommen, was zu riskanten und unerwarteten Effekten führen kann. Sofern Sie nämlich nur ein Feld übergeben haben, werden Sie möglicherweise davon überrascht, dass alle anderen Werte durch den Vorschlagswert überschrieben sind. Auf diese Problematik hatte ich bereits für die Defaultwerte beim eCATT hingewiesen.

In den weiteren, hier nicht gezeigten Schritten würden Sie eine Quellstruktur anlegen, diese durch Quellfelder mit einer Quelldatei (Textdatei aus Excel, bspw. eine Stammdatenliste) verknüpfen und die weiteren Funktionen der LSMW durchlaufen.

Anlage von Kostenstellen in der LSMW

Ein ausführliches Beispiel zur Anlage von Kostenstellen finden Sie in Form eines Videos auf der Seite *10307* oder unter *http://fico-forum.de/demo/LSMW.php*.

Abweichend vom Beispiel im Video würde ich ein anderes Vorgehen beim Schritt »Quellfelder ändern« empfehlen. Statt diese einzeln aus den Überschriften der Exceldatei zu übernehmen, können Sie über die Schaltfläche Kopieren (Strg + F8) im sich öffnenden Fenster »Quellfelder kopieren« unter dem Punkt »Aus Datenfile« (Feldname in der ersten Zeile) die Anzahl der Felder (Spalten der Quelldatei) sowie die maximale Satzlänge eines einzelnen Eintrags (Zelle) auswählen. Nachdem diese festgelegt sind, kann eine Quelldatei (CSV-Datei mit Tabstopp getrennt) eingelesen werden. Bei der Quelldatei ist darauf zu achten, dass die Spaltenüberschriften nicht doppelt vorhanden sind und auch keine Leerzeichen enthalten. Sollten Sie sich bei der Feldlänge geirrt haben, können Sie diese nachträglich noch ändern.

Am Ende haben Sie ebenfalls eine Textdatei, die Sie als Batch-Input-Mappe abspielen und damit die Daten automatisiert einspielen können.

Wie im Vorwort zu diesem Buch erwähnt, ist die LSMW auch in der On-Premise-Version von SAP S/4HANA weiterhin verfügbar, allerdings ohne dabei als Migrationstool unterstützt zu werden. Sollten Sie die LSMW noch für früher angelegte Migrationsobjekte verwenden, sind hier regelmäßige Tests durchzuführen. Insbesondere könnten in der LSMW falsche Migrationsschnittstellen vorgeschlagen werden, die in SAP S/4HANA nicht mehr unterstützt werden. Da das Tool schon zur Migration von R/2 nach R/3 eingeführt wurde, ist es bereits deutlich in die Jahre gekommen. Es ist folglich gut nachvollziehbar, dass es seitens der SAP nicht mehr empfohlen wird und allenfalls noch für Migrationen nach S/4HANA genutzt werden sollte.

Literaturempfehlung

Wenn Sie sich ausführlicher mit LSMW beschäftigen möchten und erfahren wollen, wofür diese Workbench (auch unter S/4HANA) einsetzbar ist, kann ich Ihnen das Buch »SAP Legacy System Migration Workbench (LSMW)« von Antje Kunz (2019, Espresso Tutorials) ans Herz legen.

2.3 Weitere Migrationstechniken

Weitere Möglichkeiten zur Migration bieten der *Transaktionsrecorder* (Transaktion *SHDB*) oder – in den Teilkomponenten von SAP – auch die *Massenpflege von Stammdaten* (Transaktion *MASS*), die aber eher für Veränderung bestehender Stammdaten geeignet ist.

Transaktion MASS

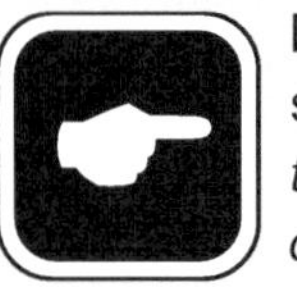

Die Massenpflege von Stammdaten wird beispielsweise im Artikel von Isa Bodur unter *10308 oder http://thinkdoforward.com/sap-mass-so-einfach-koenntest-du-das-projekt-retten/* ausführlich erläutert. Die Aufzeichnung über die Transaktion SHDB finden Sie auf der Seite *10309* bzw. *https://www.berater-wiki.de/Batch-Input* beschrieben.

2.4 Resümee zu bisherigen Migrationstools in ERP

Insgesamt sind die bisherigen Migrationstools in SAP mit den oben beschriebenen Besonderheiten bei der Aufzeichnung sowie bezüglich der Quelldatei (Textdatei) recht problematisch, da hier mühsam Quelldateien angelegt, Transaktionen aufgezeichnet und verschiedene technische Hürden überwunden werden müssen. Zudem sind für die Textdatei formale Anforderungen hinsichtlich der Spaltenbezeichnung und der Trennzeichen zu beachten. Insbesondere bei Datumswerten kann es in der Zieldatei zu Problemen kommen, wenn etwa statt dem Datum 13.07.1978 der Wert 43659 übertragen wird, da Excel Datumswerte intern als den »soundsovielten Tag« nach dem 01.01.1900 speichert.

Ferner werden die Daten direkt (live) in das jeweilige System eingespielt, ohne dass sie vorher noch einmal, beispielsweise durch eine Simulation, überprüft würden. Bei den unter S/4HANA vorhandenen Migrationstools wird der Import der Daten simuliert, ohne dass die zu migrierenden Daten gespeichert würden. Auf diese Weise kann direkt festgestellt werden, ob ein Transfer der Daten funktionieren könnte, ohne Daten direkt produktiv eingespielt zu haben.

Dennoch erachte ich es als sinnvoll, die bisherigen Möglichkeiten zur Datenmigration darzustellen. Der Blick auf die Vorgängertechniken soll in diesem Zusammenhang Ihrem Verständnis dienen, wie die von Ihnen geplante Datenmigration unter ERP ablaufen würde, und gestattet Ihnen einen direkten Vergleich mit den beiden S/4HANA-Tools LTMC und LTMOM, die wir uns nun genauer ansehen wollen.

3 Das Migrationscockpit unter SAP S/4HANA

Neben der neuen Datenbank HANA und den veränderten Datenstrukturen hat sich auch die Oberfläche von SAP weiterentwickelt. Zahlreiche Anwendungen werden mittlerweile als Fiori-Apps angeboten, und so ist auch das neue Migrationscockpit als sogenannte Kachel verfügbar. In diesem Kapitel sollen die Arbeit mit der Transaktion LTMC und der Transport von Daten aus einer externen Datenquelle in das S/4HANA-System beschrieben werden.

Bevor ich, wie angekündigt, auf das Migrationscockpit zu sprechen komme, möchte ich kurz auf die neue Fiori-Oberfläche eingehen. Hier arbeiten Sie statt über Transaktionscodes und ein SAP-Menü mit einer Auswahl an Kacheln, die je nach Anwendungsgebiet entsprechende Rollen und Funktionen zusammenfassen. Die Navigation über Kacheln kennen Sie eventuell schon von Microsoft Windows 10, wo Sie rechts neben dem bekannten Startmenü quadratische Kacheln sehen, über die Sie ausgewählte Anwendungen aufrufen können.

SAP Fiori bietet den zusätzlichen Vorteil, dass es als Webanwendung responsiv gestaltet ist, was bedeutet, dass es sich automatisch an unterschiedliche Bildschirmauflösungen anpasst und SAP damit sowohl am Desktop als auch am Tablet oder Smartphone genutzt werden kann.

Ein Klick auf eine der hier angebotenen Kacheln startet direkt die hinterlegte Anwendung oder einen verknüpften Bericht. Teilweise sind dies aus SAP GUI bekannte Transaktionen, die als *SAP GUI for HTML* umgesetzt sind und eine mit den altbekannten Anwendungen vergleichbare Oberfläche bieten. Zum Teil sind hier aber auch eigens entwickelte Fiori-Apps zu finden, bei denen es sich um reine Webanwendungen im modernen Design handelt.

Nachdem Sie sich in Fiori angemeldet haben, gelangen Sie auf die Startseite – das Fiori Launchpad –, wo die Ihnen zugeordneten Anwendungen als Kacheln, in thematischen Gruppen zusammengefasst, aufgelistet sind.

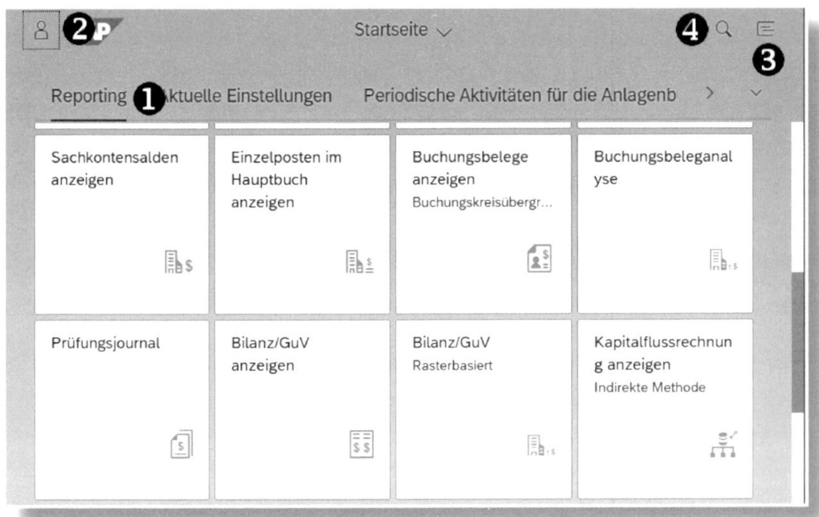

Abbildung 3.1: Fiori-Startseite

So finden Sie beispielsweise unter der Gruppe REPORTING ❶ in Abbildung 3.1 eine Reihe von Kacheln, mit denen unterschiedliche Berichte aufgerufen werden können. Dieser Bereich wird auch als *Main Area* oder *Homepage* bezeichnet. In unserem Beispiel sehen Sie nur die dem spezifischen Thema REPORTING zugeordneten Berichte wie »Sachkontensalden anzeigen« oder »Bilanz/GuV anzeigen«. Es besteht außerdem die Möglichkeit, sich alle verfügbaren Anwendungen darstellen zu lassen. Sie können diesen Bereich auch als Arbeitsbereich innerhalb von Fiori verstehen, da sich hier sowohl die einzelnen Kacheln als auch später die Anwendungen befinden.

Unter ❷ sehen Sie das »Personalisierungsicon«, das Sie in die *Me Area* weiterleitet, in der sich zentrale Einstellungen zu Ihrem User befinden. Hier haben Sie u.a. die Möglichkeit, die Startseite zu bearbeiten, um einzelne Anwendungen aus den Gruppen zu entfernen, neue Gruppen hinzuzufügen oder auch Links zu hinterlegen. Unter ERP erfolgt diese individuelle Organisation der Anwendungen durch die »Favoriten«. Eine weitere Möglichkeit, die Startseite an Ihre Bedürfnisse anzupassen, ist neben der Auswahl von Standardwerten (vergleichbar mit den »Parametern« in ERP) die Umstellung der Startseite unter Einstellungen • Startseite von »Eine Gruppe auf einmal anzeigen« auf »Sämtliche Inhalte anzeigen«. Damit werden in der Main Area die Gruppen nicht mehr als einzelne Reiter, sondern in einer Liste untereinander dargestellt.

Auf der rechten Seite befindet sich eine *Notification Area* ❸, in der Systemmeldungen bzw. Nachrichten angezeigt werden. Diese werden, ähnlich wie Benachrichtigungen in Microsoft Windows, als Hinweise neben dem Kachelmenü eingeblendet. In Abbildung 3.1 gibt es derzeit keine Benachrichtigungen, sodass dieser Bereich leer ist.

Ein Vorteil der neuen Oberfläche ist u. a. die Suchfunktion (siehe ❹ in Abbildung 3.1) innerhalb der Fiori-Oberfläche, über die Sie nicht nur nach Kostenstellen oder Belegen, sondern auch direkt nach einzelnen Anwendungen suchen können.

Technischer Hintergrund zu Fiori-Apps

Einen Überblick über Fiori-Apps und die dahinterstehende Technik gab Philipp Reichhardt in seinem Vortrag »Fortgeschrittene Techniken in SAP Fiori« auf den FICO-Forum Infotagen 2018. Dieser ist nach Anmeldung unter *10310* oder *https://fico-forum.de/ET/infotage_2018/10/* abrufbar.

Fiori 3.0

Mit Erscheinen dieses Buches ist das aktuelle Fiori 3.0 herausgekommen. Im Artikel »SAP Fiori: Überblick und Zusammenfassung« unter *10311* oder *https://mission-mobile.de/knowhow/sap-fiori/* finden Sie, ebenso wie auf der Seite der SAP unter *10312* oder *https://www.sap.com/germany/products/fiori.html*, aktuelle Informationen zur neuen Oberfläche.

3.1 Projektverwaltung

Um eine Migration zu starten, öffnen Sie die Migrationsprojektverwaltung durch Aufruf des Migrationscockpits. Dazu öffnen Sie in der Fiori-Oberfläche, wie in Abbildung 3.2 zu sehen, die App »Lösung verwalten« (Manage Solution) und starten aus dieser Anwendung die Funktion Migrieren Sie Ihre Daten (Migrate your Data).

Abbildung 3.2: FIORI – Suche der App »Lösung verwalten«

Sofern Sie die SAP GUI nutzen, können Sie auch direkt die Transaktion *LTMC* zum Start des Migrationscockpits aufrufen.

Inzwischen werden immer mehr Anwendungen als Fiori-App über einen Webbrowser und nicht mehr in der GUI-Umgebung zur Verfügung gestellt. Manche Funktionen, gerade im Bereich der Systemadministration, können jedoch weiterhin »klassisch« rein in der GUI gestartet werden.

Sammelhinweise zum Migrationscockpit

Gerade für die SAP-Basisabteilung in Ihrem Unternehmen dürften die Sammelhinweise zum Thema »Migration Cockpit & SLT on S/4HANA für die unterschiedlichen On-Premise-Versionen« hilfreich sein:

- On-Premise Edition 1909: Hinweis *2817159*
- On-Premise Edition 1809: Hinweis *2594002*

- On-Premise Edition 1709: Hinweis *2475034*
- On-Premise Edition 1609: Hinweis *2376533*

Über den Report *DMC_NOTE_ANALYZER* können Sie prüfen, ob alle relevanten SAP-Hinweise zur Nutzung des S/4HANA-Migrationcockpits eingespielt worden sind. Dieser Report wird über den SAP-Hinweis 2596411 (Note Analyzer) zur Verfügung gestellt.

Alle aufgelisteten Hinweise können über das SAP Support Portal *10313 oder* unter *https://support.sap.com/* (früher *SAP OSS*) aufgerufen werden. Für den Zugriff ist ein »S-User« mit Passwort erforderlich. Dieser ist nur für Kunden der SAP erhältlich.

Egal, für welchen Zugang Sie sich entscheiden: In beiden Fällen gelangen Sie in die Übersicht »Verfügbare Migrationsprojekte«, in der Sie sowohl einzelne Migrationsprojekte aufrufen als auch über die Schaltfläche [Anlegen] ein eigenes Migrationsprojekt erstellen können (siehe Abbildung 3.3).

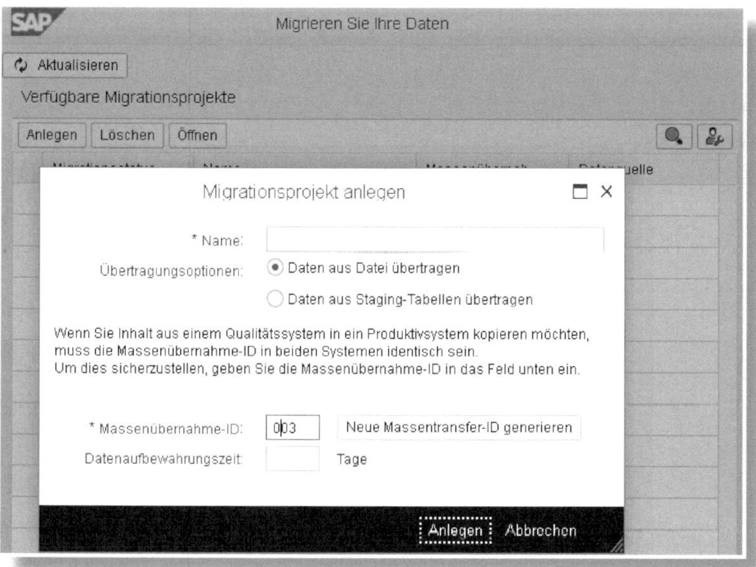

Abbildung 3.3: Migrationsprojekt anlegen

An dieser Stelle geben Sie einen Namen für Ihr Migrationsprojekt an und wählen die Übertragungsoptionen aus. Alternativ zur Übertragung der Daten aus einer Datei, können Sie mithilfe der Option Daten aus Staging-Tabellen übertragen via Datenbankverbindung unmittelbar auf Daten aus einem bestehenden System zugreifen. Diese Option existiert seit der Version SAP S/4HANA 1709.

Daten aus Staging-Tabelle übertragen

Eine entsprechende Datenbankverbindung können Sie entweder im DBA Cockpit: Pflege der Systemkonfiguration (Transaktion *DBACOCKPIT*) im Abschnitt »Systemlandschaft« über den Punkt Datenbankverbindungen oder über den Transaktionscode *DBCO* einrichten. Hier tragen Sie jeweils die einzelnen Verbindungsdaten zum Datenbanksystem ein und können anschließend direkt auf die Datenbank zugreifen.

Vorteile einer Datenbankverbindung sind sicherlich die bessere Performance, die direkte Verwendung vorhandener Daten aus den ursprünglichen Tabellen des Quellsystems sowie die Möglichkeit, innerhalb der Quelldatenbank schon Abfragen zum Zusammenstellen von Daten vorzunehmen. Hingegen ist der Transfer von Daten aus einer Datei flexibler, da er Ihnen erlaubt, auch Daten aus weiteren Quellen, wie beispielsweise Ihrer Handakte aus Papier, einzuspielen, die von Ihnen in der Ausgangsdatei eingegeben werden. Sie können also die Datenquelle passend pflegen.

Nachdem ein Name für das Migrationsprojekt vergeben wurde, fehlt es noch an der *Massenübernahme-ID*. Dieser kommt eine besondere Bedeutung zu, wenn mit mehreren Systemen (z.B. Entwicklungs-, Qualitätssicherungs- und Produktivsystem) gearbeitet und die Datenmigration auch auf das nachfolgende System (z.B. vom Qualitätssicherungs- auf das Produktivsystem) übernommen werden soll. Entsprechend sollte die ID in den beteiligten Systemen identisch sein. Sie können entweder selbst eine vierstellige ID festlegen oder sich eine vom System generieren lassen.

Exkurs: Systemlandschaft bei SAP (D-, Q- und P-System)

Im Hochschulbereich arbeiten wir in unserem SAP-System mit einer klassischen 3-Systeme-Landschaft. Ein Migrationsprojekt würden wir im Entwicklungs- bzw. Development-System (D) erstellen, anschließend im Qualitätssicherungssystem (Q) testen und, wenn dies erfolgreich war, in das Produktivsystem (P) einspielen. Hier ist es von Vorteil, das Migrationsprojekt nicht mehrfach anlegen zu müssen, sondern für alle drei Systeme die identische Massenübernahme-ID zu verwenden. Als Quellsystem für die Datenmigration kommt dann für alle drei Systeme das vormals verwendete Produktivsystem für diejenigen Daten in Betracht, die tatsächlich in allen drei Systemen zur Verfügung gestellt werden sollen.

3.2 Migrationsobjekte

Nachdem Sie ein Migrationsprojekt angelegt haben, erhalten Sie eine tabellarische Aufstellung der seitens der SAP im Standard zur Verfügung gestellten Migrationsobjekte. Diese liefert eine Übersicht der häufiger nachgefragten Migrationsvorhaben (siehe Abbildung 3.4), für die die SAP Ihnen schon Migrationsobjekte bereitstellt und die Sie aus dieser Tabelle auswählen können.

Verfügbare Migrationsobjekte

Im SAP Help Portal unter *https://help.sap.com/viewer/search?q=Available+Migration+Objects* oder *10315* finden Sie eine Liste aller verfügbaren Migrationsobjekte. Dort werden Ihnen je nach S/4HANA-Version auch unterschiedliche Unterseiten sowohl für die On-Premise- als auch für die Cloud-Version angezeigt. Beachten Sie, dass beim Aufruf einzelner Seiten u. a. die Sprache von »en-US« auf »de-DE« umgestellt werden kann.

> Außerdem mag es gerade für Entwickler und SAP-Berater interessant sein, sich über den »SAP-S/4HANA-Data-Migration-Content-Development-Newsletter« unter *10316* oder *https://help.sap.com/viewer/aa1fd76f0e1245e8ae49b1ada22d9a98/SHIP/en-US/e19194aa32744525a29cc1c7171f985b.html* über neue, umbenannte (renamed) oder veraltete (deprecated) Migrationsobjekte zu informieren.

Sollten Sie noch weitere Migrationsobjekte benötigen, können Sie auch eigene mit dem Migrationsobjekt-Modellierer anlegen, auf den ich im Abschnitt 4.4 eingehen werde.

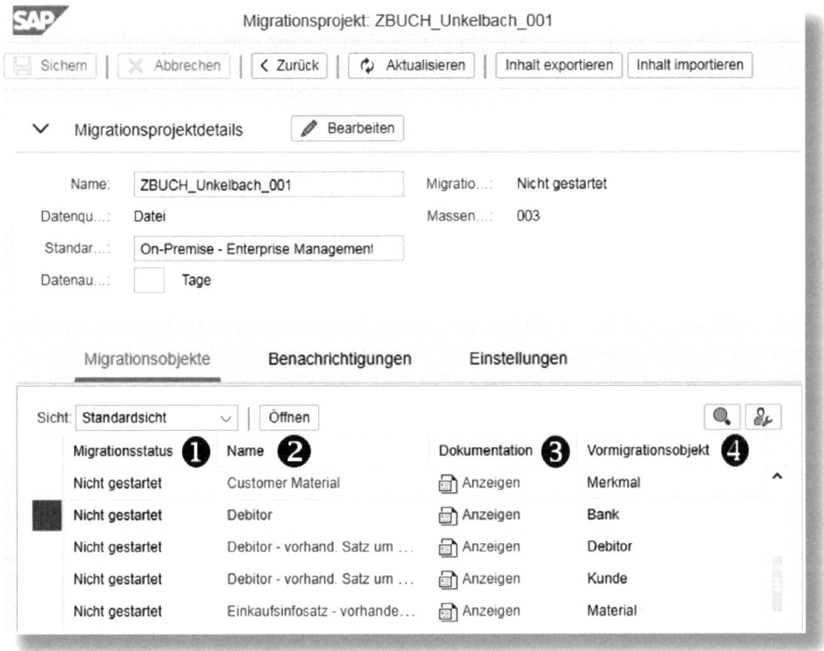

Abbildung 3.4: Auszug Migrationsprojektdetails – Migrationsobjekte

Über die Auswahl im Feld Sicht kann diese Liste anhand des Migrationsstatus gefiltert werden.

Als Migrationsstatus ❶ stehen die Optionen *Nicht gestartet*, *In Bearbeitung* und *Beendet* zur Verfügung. Durch die im Beispiel ausgewählte *Standardsicht* erhalten Sie eine Darstellung aller Migrationsobjekte unabhängig vom Status.

In der Spalte Name ❷ sehen Sie die einzelnen verfügbaren Migrationsobjekte. Wenn Sie eines anklicken, wird es in das Migrationsprojekt kopiert. Dies kann einige Zeit in Anspruch nehmen, worauf Sie auch eine Warnmeldung hinweist (siehe Abbildung 3.5).

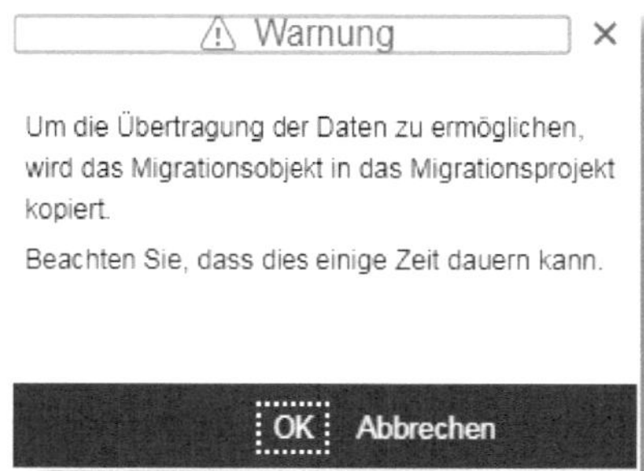

Abbildung 3.5: Migrationsobjekt in Migrationsprojekt kopieren

Alle weiteren Bearbeitungen erfolgen dann innerhalb des Projekts.

Zusammenhang Migrationsprojekt und Migrationsobjekte

Bei der Anlage eines Migrationsprojekts müssen Sie nicht für jedes Objekt ein eigenes Projekt anlegen, sondern können einem Migrationsprojekt unterschiedliche Migrationsobjekte zuordnen.

Über die Spalte Dokumentation ❸ erhalten Sie weitere Informationen zum jeweiligen Objekt. Dieses kann einerseits eine Zusammenfassung der Bedeutung des Migrationsobjekts (u. a. dessen Zweck und Umfang) sein. Andererseits erhalten Sie Hinweise zur Nachbearbeitung, z. B. zu möglichen Folgeaktivitäten und ob die Validierung der Daten im System erfolgt.

Das Beispiel der Dokumentation zum Migrationsobjekt »Debitor« in Abbildung 3.6 zeigt, dass Keine Folgeaktivitäten erforderlich sind und Sie in SAP S/4HANA On Premise die erfolgreiche Migration der Daten in der Transaktion BP nachvollziehen können, während im Abschnitt SAP S/4HANA Cloud die entsprechende Fiori-Kachel angezeigt wird.

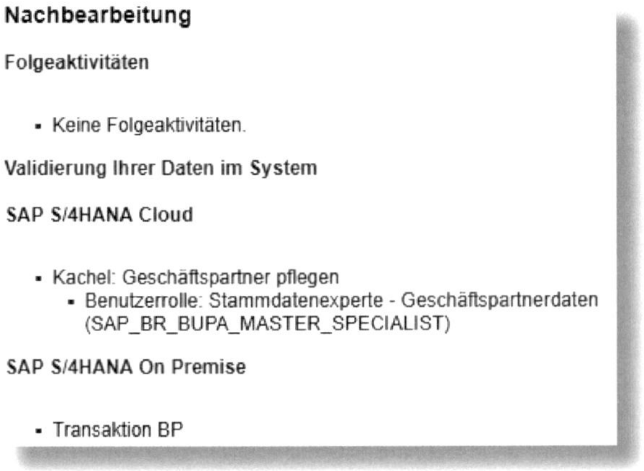

Nachbearbeitung

Folgeaktivitäten

- Keine Folgeaktivitäten.

Validierung Ihrer Daten im System

SAP S/4HANA Cloud

- Kachel: Geschäftspartner pflegen
  - Benutzerrolle: Stammdatenexperte - Geschäftspartnerdaten (SAP_BR_BUPA_MASTER_SPECIALIST)

SAP S/4HANA On Premise

- Transaktion BP

Abbildung 3.6: Migration von »Debitor« – Abschnitt Nachbearbeitung

Eine gleichfalls wichtige Information ergibt sich aus der Spalte Vormigrationsobjekte ❹. Sie verweist darauf, welche Objekte zuvor angelegt oder migriert werden müssen, stellt also die Abhängigkeiten zwischen dem anzulegenden Migrationsobjekt und anderen Objekten oder Vorarbeiten dar.

Im Beispiel aus Abbildung 3.4 ist vor der Migration eines Debitors als Geschäftspartner die Anlage einer *Bank* erforderlich. Um Ihnen einen kurzen Eindruck von den verfügbaren Migrationsobjekten zu geben, habe ich eine Auswahl häufig genutzter Objekte in Tabelle 3.1 zusammengestellt.

Die Spalte »Name« entspricht dem Migrationsobjekt, gefolgt vom notwendigen »Vormigrationsobjekt«, der »Transaktion« zur Validierung der eingespielten Daten sowie dem »Release«, ab dem diese Funktion in der On-Premise-Version zur Verfügung steht. Mit jedem Release sind weitere Migrationsobjekte hinzugekommen und zukünftig werden sicherlich noch mehr folgen.

Name	Vormigrationsobjekt	Transaktion	Release
Arbeitsplatz	Kostenstelle	CR03	1603
Bank		FI03	1610
Debitor	Bank	BP	1610
FI-Sachkontensaldo	Sachkonto	FB01, FB02, FB03	1610
Klasse		CL01, CL02 CL03	1610
Kostenstelle	Profitcenter	KS03	1610
Lieferant	Bank	GP	1610
Material	Profitcenter	MM03 Mat. anzeigen MM60 Materialliste	1610
Materialstückliste	Material	CS03	1603
Merkmale		CT04	1610
Preiskondition (Verkauf)	Debitor	VK13	1809
Profitcenter		KE53	1610
Sachkonto		KA01, KA06, FS00, FSS0	1809

Tabelle 3.1: Auswahl vorhandener Migrationsobjekte

Die aufgeführten Migrationsobjekte stellen nur eine kleine Auswahl aller verfügbaren Migrationsobjekte dar.

Mit Release 1909 ist die Dokumentation zu den Datenmigrationsobjekten nur noch im SAP Help Portal verfügbar. Aufrufen können Sie diese auch unter *https://tinyurl.com/migration-objects-OP* oder *10317*. Abbildung 3.7 zeigt, wie Sie dabei vorgehen.

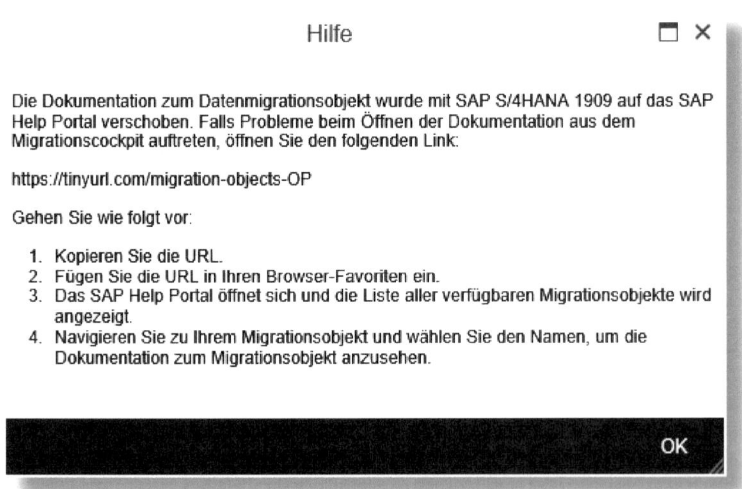
Hilfe

Die Dokumentation zum Datenmigrationsobjekt wurde mit SAP S/4HANA 1909 auf das SAP Help Portal verschoben. Falls Probleme beim Öffnen der Dokumentation aus dem Migrationscockpit auftreten, öffnen Sie den folgenden Link:

https://tinyurl.com/migration-objects-OP

Gehen Sie wie folgt vor:

1. Kopieren Sie die URL.
2. Fügen Sie die URL in Ihren Browser-Favoriten ein.
3. Das SAP Help Portal öffnet sich und die Liste aller verfügbaren Migrationsobjekte wird angezeigt.
4. Navigieren Sie zu Ihrem Migrationsobjekt und wählen Sie den Namen, um die Dokumentation zum Migrationsobjekt anzusehen.

OK

Abbildung 3.7: Dokumentationen zu einem Datenmigrationsobjekt

Geschäftspartner (Business Partner)

Auf das Customizing zum Geschäftspartner in S/4HANA soll in diesem Buch nicht weiter eingegangen werden. Da aber dieses Thema gerade beim Wechsel von ERP zu S/4HANA und dem damit einhergehenden Wandel vom Debitor/Kreditor hin zum Geschäftspartner eine der wesentlichen Änderungen ist – neben der Zusammenführung von Kostenart und Sachkonto im Universal Journal –, empfehle ich an dieser Stelle das Buch »Praxishandbuch SAP-Geschäftspartner (Business Partner) – Funktionen und Integration in SAP S/4HANA« von Robin Schneider. Dieses ist ebenfalls im Verlag Espresso Tutorials erschienen: *10318* oder *http://5468.espresso-tutorials.de/*.

3.3 Vorlage-Template für zu migrierende Daten

Für unser erstes Beispiel einer Migration wählen wir die Migrationsobjekte »Debitor« und »Profit Center« aus der dargebotenen Liste und kopieren diese, wie zuvor beschrieben, in das angelegte Migrationsprojekt. Durch diese beiden Beispiele werden noch einmal etwaige Abhängigkeiten zu anderen Objekten und unterschiedliche Anforderungen an die jeweiligen Migrationsobjekte gut sichtbar.

Nachdem Sie dem Kopieren der Migrationsobjekte in das Migrationsprojekt zugestimmt haben (siehe Abbildung 3.5), dauert es einige Zeit, bis Sie eine Übersicht zu den Migrationsobjektdetails erhalten.

Im oberen Bereich von Abbildung 3.8 sehen Sie eine Zusammenfassung zum gewählten Migrationsobjekt »Debitor«. In unserem Fall wird als BEZIEHUNGSWISSEN unter ❶ der Hinweis »Dieses Migrationsobjekt ist von anderen Objekten abhängig: Bank« ausgegeben. Ferner können Sie sich unter ❷ die DOKUMENTATION zum Objekt ANZEIGEN lassen.

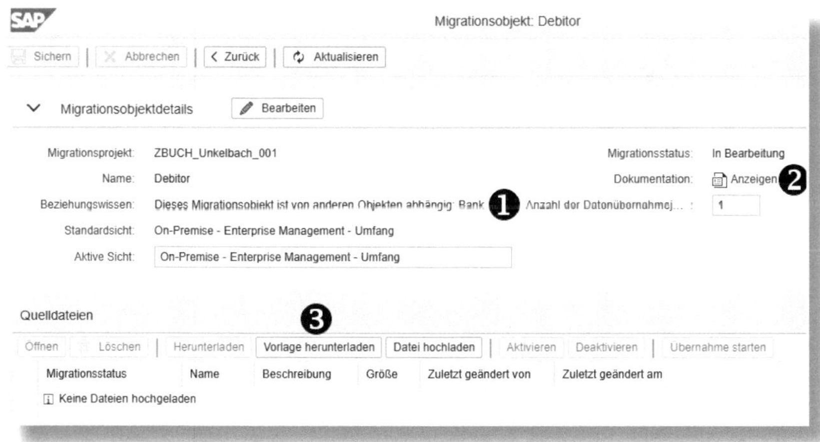

Abbildung 3.8: Details zum Migrationsobjekt »Debitor«

Im Gegensatz zum Migrationsobjekt »Debitor« zeigen sich beim »Profit Center« in Abbildung 3.9 unter ❶ keine Abhängigkeiten zu anderen Objekten.

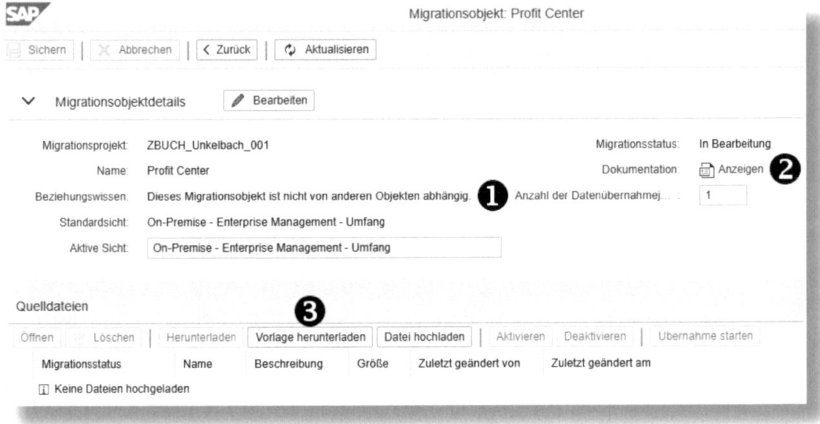

Abbildung 3.9: Details zum Migrationsobjekt »Profit Center«

Im nächsten Schritt laden Sie über die Schaltfläche Vorlage herunterladen ❸ eine Datei als Template für Ihre Datenmigration herunter. Diese Vorlage wird im XML-Format angeboten; in unseren beiden Beispielen sind dieses die Dateien »DE_Debitor.xml« und »DE_Profitcenter.xml«.

3.3.1 Aufbau der Vorlage

Die heruntergeladenen Dateien können in Microsoft Excel geöffnet werden. Sie sind für jedes Migrationsobjekt prinzipiell gleich aufgebaut und unterscheiden sich nur durch ihre Inhalte. Im Beispiel habe ich die beiden Vorlagen für »Profit Center« und »Debitor« direkt übereinander dargestellt, um den jeweiligen Aufbau und die Unterschiede zwischen beiden Migrationsobjekten zu verdeutlichen (siehe Abbildung 3.10).

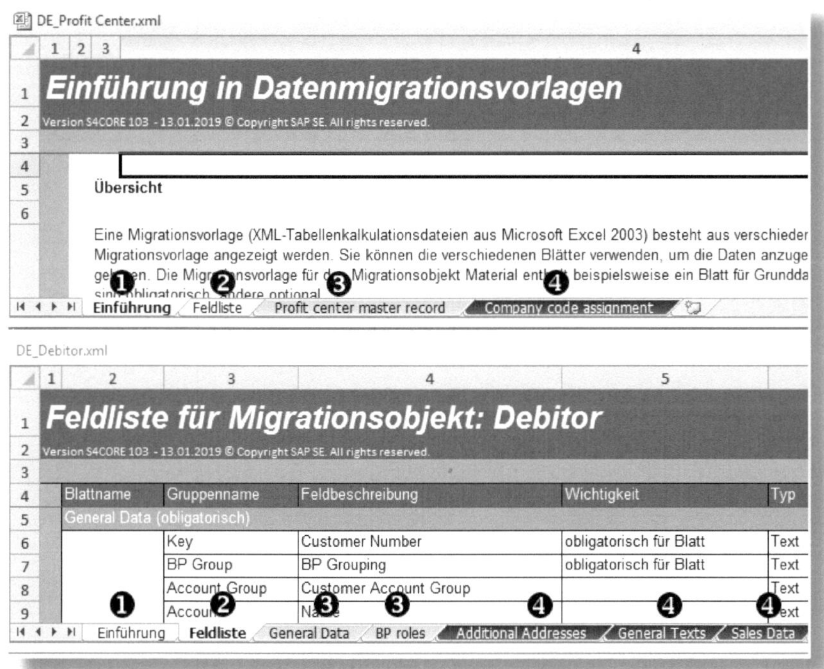

Abbildung 3.10: Datenmigrationsvorlagen für »Debitor« und »Profit Center«

Sie erhalten jeweils unter ❶ eine allgemeine EINFÜHRUNG zum Arbeiten mit den Datenmigrationsvorlagen (Templates) – hier nur für das »Profit Center« angezeigt. Das zweite Tabellenblatt bietet unter ❷ eine FELDLISTE, anhand derer Sie sich einen Überblick über die vorhandenen Felder in den einzelnen Tabellenblättern verschaffen können. Neben BLATTNAME, GRUPPENNAME und FELDBESCHREIBUNG ist in der Spalte WICHTIGKEIT angegeben, ob ein Feld *obligatorisch für Blatt* ist, sprich, ob die Daten in diesem Feld zwingend erforderlich sind. Danach folgen noch die technischen Eigenschaften der einzelnen Felder unter TYP (wie z. B. Text, Zahl oder Datum) sowie die LÄNGE und DEZIMALSTELLEN (in der Abbildung nicht mit dargestellt).

Die weiteren Tabellenblätter werden in obligatorische (orange/gelb hinterlegt ❸) und optionale Blätter (blau hinterlegt ❹) unterschieden. Erstere erhalten in der Feldliste das Suffix *(obligatorisch)* wie im Beispiel die Tabellenblätter General Data für das Migrationsobjekt »Debitor« und Profit center master record für das Migrationsobjekt »Profit Center«. Die obligatorischen Datenblätter entsprechen dem minimalen Datensatz, der für das Migrationsobjekt auszufüllen ist, d. h., sie weisen alle Muss-Felder der einzelnen Datenblätter aus. Je nach Umfang Ihrer zu migrierenden Daten empfiehlt es sich, auch die optionalen Datenblätter zu füllen, sofern Sie diese intern benötigen oder es Abhängigkeiten zu anderen Feldern gibt.

Im Beispiel für das Migrationsobjekt »Debitor« legen Sie im Tabellenblatt BP Roles die einzelnen GP-Rollen zum Geschäftspartner an (bspw. *FLCU00* für Kunde (Finanzbuchhaltung)), woraufhin zuvor optionale Blätter wie Bank Data obligatorisch werden können.

3.3.2 Datenblätter füllen

Wie bereits erwähnt, sind die einzelnen obligatorischen und ggf. optionalen Datenblätter der Vorlagendatei zu füllen. Betrachten wir dazu als Erstes die Tabellenblätter der heruntergeladenen XML-Datei für Profit Center.

Für die Anlage eines Profitcenters ist das Blatt Profit center master record verpflichtend zu füllen, während das Blatt Company code assignment optional ist (vgl. Abbildung 3.10).

Schon in der Feldliste in Abbildung 3.11 sehen Sie, dass auch innerhalb eines verbindlich zu befüllenden Tabellenblatts einzelne Felder wiederum optional sein können.

Feldliste für Migrationsobjekt: Profit Center

Version S4CORE 103 - 13.01.2019 © Copyright SAP SE. All rights reserved.

Blattname	Gruppenname	Feldbeschreibung	Wichtigkeit	Typ	Länge
Profit center master record (obligatorisch)					
		Kostenrechnungskreis	obligatorisch für Blatt	Text	80
	Main data	Profit center	obligatorisch für Blatt	Text	80
		Valid-from date	obligatorisch für Blatt	Datum	
		Valid-to date	obligatorisch für Blatt	Datum	
	Basic data	Language in which texts are saved		Text	80
		Profit center text	obligatorisch für Blatt	Text	20
		Description		Text	40
		Person responsible	obligatorisch für Blatt	Text	20
		User responsible		Text	80
		Profit center group	obligatorisch für Blatt	Text	12
		Department		Text	12

Abbildung 3.11: Feldliste zum Migrationsobjekt »Profit Center«

Die in der Spalte Wichtigkeit als *obligatorisch für Blatt* bezeichneten Felder sind demnach der *Kostenrechnungskreis*, das *Profit Center* und auch die beiden Gültigkeitsdaten, während die Beschreibung (*Description*) oder Abteilung (*Department*) auch leer sein können. Diese Aufteilung entspricht gleichzeitig den Pflichtfeldern, sollten Sie ein Profitcenter nicht über die LTMC, sondern direkt über die Stammdatenpflege (Transaktion *KE51*) im SAP-System anlegen.

Betrachten wir nun im Detail das obligatorische Tabellenblatt Profit center master record, in dem die einzelnen Datenfelder zum Ausfüllen zu finden sind. Sie können einen sogenannten *minimalen Datensatz* (mit allen unbedingt notwendigen Stammdatenfeldern) erstellen, indem Sie nur die Pflichtfelder füllen.

Obligatorisch – optional

Für ein optionales Tabellenblatt gilt wiederum: Achten Sie darauf, dass hier obligatorische Felder enthalten sein können, die ausgefüllt werden müssen.

Als Beispiel habe ich einige Profitcenter aus meinem Buch »Schnelleinstieg in das SAP Controlling (CO)« gewählt, die ich hier nun in das neue S/4HANA System migrieren möchte. Diese werden als Quelldaten in das Template übertragen und sind ein schönes Beispiel für einen minimalen Datensatz.

Das Template in Abbildung 3.12 enthält beispielsweise einige Profitcenter, die aus meinem bestehenden System in den neuen Kostenrechnungskreis *M00* übertragen werden sollen.

Quelldaten für Migrationsobjekt: Profit Center

Version S4CORE 103 - 13.01.2019 © Copyright SAP SE. All rights reserved.

		Main data			Basic data		
Kostenrechnungskrei	Profit center*	Valid-from date*	Valid-to date*	Language in	Profit center text*	Description	Person responsible*
M000	Print	01.01.2019	31.12.9999		Print		M. Munzel
M000	Online-Medien	01.01.2019	31.12.9999		Online-Medien		J. Siebert
M000	Verwaltung	01.01.2019	31.12.9999		Verwaltung		M. Munzel
M000	ALLGEMEIN	01.01.1900	31.12.9999		Fachbücher Allgemein	Fachbücher Allgemein	Buchmacher
M000	BWL	01.01.2014	31.12.9999		BWL Fachliteratur	BWL Fachliteratur	Buchmacher
M000	EXCEL	01.01.2018	31.12.9999		Excel Kurztext	Excel Kurztext	Unkelbach
M000	GEBÄUDE	01.01.2014	31.12.9999		Gebäude	Gebäude	Buchmacher
M000	OFFICE	01.01.2014	31.12.9999		Office-Fachliteratur	Office-Fachliteratur	Buchmacher

Abbildung 3.12: Quelldaten für Migrationsobjekt »Profit Center«

Dabei sind die ersten Felder wie Kostenrechnungskreis, Profit center oder auch Profit center text verpflichtend auszufüllen. Dies ist am »*« in der Überschrift zu erkennen. Im Gegensatz dazu ist die Description optional. Das Template (bzw. die XML-Datei) ist so vorformatiert, dass nur die notwendigsten Daten einsehbar sind. Sie können aber auch ausgeblendete Zeilen wieder sichtbar machen oder die einzelnen Überschriften in voller Größe darstellen. Lassen Sie uns in Abbildung 3.13 die Vorlage für »Profit Center« genauer in den Blick nehmen.

In den normalerweise ausgeblendeten Zeilen 4 bis 6 sind die technischen Informationen zum jeweiligen Datenfeld zu finden, etwa in Zeile 4 der technische Name der Struktur. Er entsprach im Release 1601 noch dem Tabellenblattnamen des heruntergeladenen Templates, wurde zwischenzeitlich jedoch durch einen dem Migrationsobjekt entsprechenden Text (für unser »Profit Center« ist dies der zugehörige Tabellenblattname Profit center master record) ausgetauscht. Zum Import wird dieser Kurztext, wie hier im Beispiel S_CEPC, beibehalten. Dieser ist gleichzeitig der technische Name der zu übertragenden

Quelldatenstruktur (daher das Präfix S_ für Struktur), er lässt oftmals Rückschlüsse auf die Tabelle zu, in der die zu migrierenden Daten zu finden sind (im Beispiel ist dies die Tabelle CEPC).

1	**Quelldaten für Migrationsobjekt: Profit Center**			
2	Version S4CORE 103 - 13.01.2019 © Copyright SAP SE. All rights reserved.			
3				
4	S_CEPC			
5	KOKRS	PRCTR	DATAB	DATBI
6	ETE;80;0;C;80;0	ETE;80;0;C;80;0	EDA;8;0;D;8;0	EDA;8;0;D;8;0
7				**Main data**
8	Kostenrechnungskreis* Der Kostenrechnungskreis stellt im Controlling die oberste Organisationseinheit dar. Typ: Text Länge: 80	Profit center* Schlüssel, welcher zusammen mit dem Kostenrechnungskreis ein Profitcenter eindeutig identifiziert. Verwendung Sie können ein Profitcenter einem Controlling-Objekt organisatorisch zuordnen (Auftrag, Kostenstelle usw.). Das eingetragene Profit-Center wird dann automatisch mitbebucht, wenn das Controlling-Objekt (Auftrag, Kostenstelle usw.) bebucht wird. Typ: Text Länge: 80	Valid-from date* Wenn Sie ein Objekt anlegen, definieren Sie hier das Beginndatum, bis zu dem das Objekt gültig sein soll. Typ: Datum	Valid-to date* Wenn Sie ein Objekt anlegen, definieren Sie über das Enddatum, ab wann ein Objekt gültig sein soll. Typ: Datum

Abbildung 3.13: Template – Quelldaten für Migrationsobjekt »Profit Center«

In Zeile 5 ist der technische Name des Feldes, ergänzend zur Feldbeschreibung in Zeile 8, hinterlegt. Auch diese Namen finden sich in der entsprechenden Tabelle wieder.

Mit einem Blick auf Zeile 6 werden die technischen Eigenschaften des Datenfeldes wie z. B. der Datentyp und die Datenlänge ersichtlich. Mögliche Datentypen sind:

- ETE = Text
- EDA = Datum
- ENU = Nummer

Zeile 7 dient der Gruppierung der einzelnen Datenabschnitte, in Zeile 8 findet sich in aller Ausführlichkeit nicht nur eine Beschreibung der einzelnen Datenfelder, sondern hier stehen auch noch einmal Erläuterungen zum Typ und ggf. zur Länge des Feldes, sodass Sie die Kürzel ETE, EDA und ENU aus Zeile 6 besser einordnen können.

Ab Zeile 9 können die zu übertragenden Daten ergänzt werden. In Abbildung 3.12 habe ich schon einige Einträge hinzugefügt. Dies sind die anzulegenden Profitcenter eines Buchverlags aus dem oben erwähnten Beispiel.

Woher bekomme ich meine Quelldaten?

Insbesondere wenn Sie von einem bestehenden ERP-System zu S/4HANA wechseln wollen, bietet sich neben der direkten Datenbankanbindung auch ein Export der Stammdaten entweder über das Infosystem und eine Stammdatenliste oder auch per Auswertung mit SAP Query an. An dieser Stelle möchte ich gerne auf mein Buch »Berichtswesen im SAP-Controlling« oder auf »Reporting im SAP-Finanzwesen« von Katrin Klewinghaus und Martin Peto hinweisen, beide erschienen im Verlag Espresso Tutorials.

In der Vorlage sind nicht nur die Formate der einzelnen Datenfelder in den Zeilen 6 und 8 beschrieben, sondern ab Zeile 9 auch die Formatierungen entsprechend festgelegt, wodurch besonders bei Datumsfeldern die länderspezifischen Vorgaben (wie z. B. 12/31/2018 in den Vereinigten Staaten oder 31.12.2018 in Deutschland) oder die unterschiedliche Darstellung von Dezimalstellen (12.34 in den Vereinigten Staaten oder 12,34 in Deutschland) berücksichtigt werden. Aufgrund des vorgegebenen Formats in der heruntergeladenen XML-Datei ist es ratsam, Daten von einer anderen Tabelle mit der rechten Maustaste über »Inhalte einfügen« als Werte zu übertragen, da ansonsten die Zellformatierungen der zu ergänzenden Daten übernommen werden und die Formatierung im Template überschrieben wird.

Inhalte für das Template vor der Migration eintragen

Eine gute Empfehlung ist es, die Vorlage gleichzeitig auch an diejenige Person weiterzugeben, die die zu migrierenden oder anzulegenden Daten dort eintragen kann. Auf diese Weise werden die Stammdaten direkt von der zuständigen Fachabteilung ergänzt, und Sie können mit dem gefüllten Template weiterarbeiten. Positiv hervorzuheben ist für mich an dieser Stelle, dass hierfür eine formatierte Vorlagedatei zur Verfügung steht und es so wesentlich weniger Missverständnisse bezüglich der Art der zu ergänzenden Daten gibt, als sich aus den Textdateien (CSV) in den Vorgängertechniken ergeben haben.

Struktur und Format des Templates

Es ist sehr wichtig, die Struktur und die Formatierung der Vorlage beizubehalten, da andernfalls kein Einspielen der Dateien möglich ist und die Quelldatenfelder nicht den Zieldatenfeldern zugeordnet werden können. Die Optionen zur Anpassung des Templates und der zu füllenden Daten beschreibe ich im Abschnitt 4.2.1 unter »View/Sicht bearbeiten«.

3.4 Hochladen der Daten

Nachdem die einzelnen Daten manuell ergänzt worden sind, kann die Vorlage direkt eingespielt werden. Hierzu öffnen Sie in der *LTMC* das Migrationsprojekt und wählen das *In Bearbeitung* befindliche *Profit Center* per Mausklick aus (siehe Abbildung 3.14).

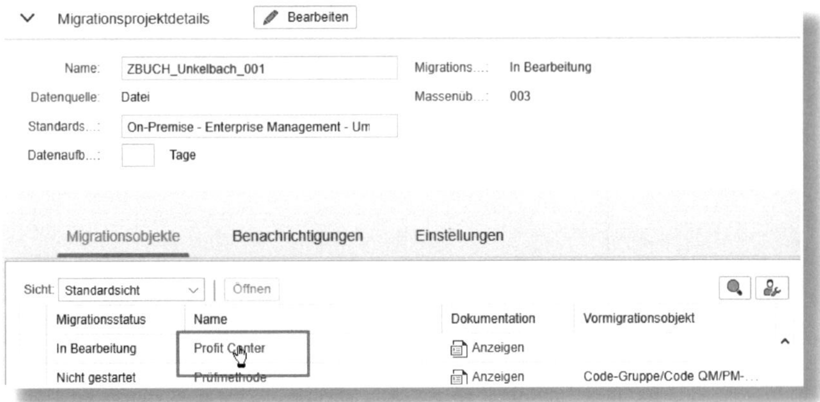

Abbildung 3.14: Migrationsobjekt »Profit Center« in Bearbeitung

In der Detailansicht zum Migrationsobjekt »Profit Center« kann nun über die Schaltfläche Datei hochladen ❶ die ausgefüllte Vorlagedatei hochgeladen werden (siehe Abbildung 3.15).

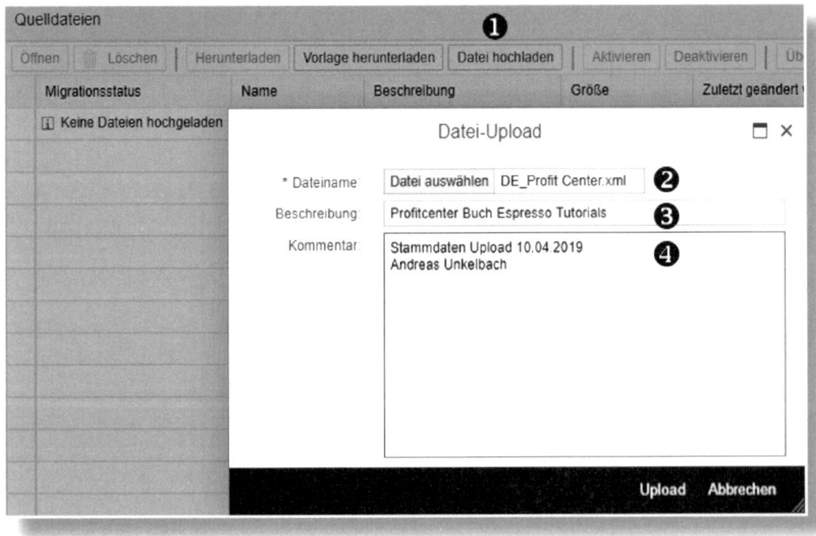

Abbildung 3.15: LTMC-Migrationsobjekt – Datei hochladen

Sie können die Vorlage als Datei (in unserem Fall *DE_Profit_Center.XML*) auswählen ❷ und sowohl eine Beschreibung ❸ als auch einen Kommentar ❹ hinzufügen. Dies kann besonders nützlich sein, wenn häufiger Dateien bzw. Stammdaten migriert werden sollen. In der Übersicht sind dann der Dateiname der Vorlagedatei sowie die Beschreibung gemeinsam mit dem Migrationsstatus (in Abbildung 3.16 »Nicht aktiv«) aufgeführt. Diese Vorlage dient uns nun als *Quelldatei* für unsere Datenmigration.

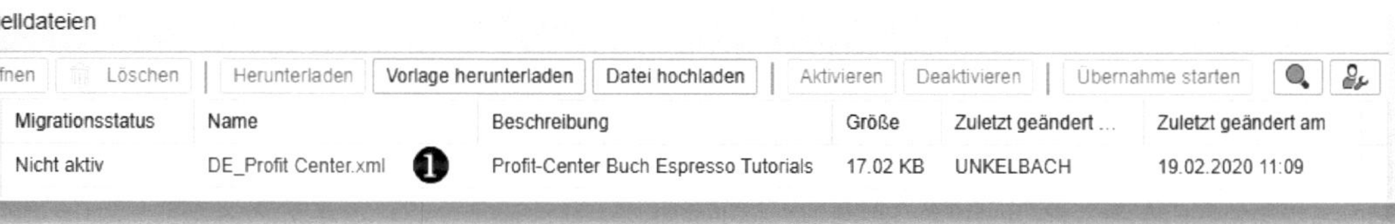

Migrationsstatus	Name	Beschreibung	Größe	Zuletzt geändert ...	Zuletzt geändert am
Nicht aktiv	DE_Profit Center.xml ❶	Profit-Center Buch Espresso Tutorials	17.02 KB	UNKELBACH	19.02.2020 11:09

Abbildung 3.16: Hochgeladene Datei

Durch einen Klick auf den Namen *DE_Profit_Center.XML* ❶ können Sie zunächst die Details zur hochgeladenen Datei (siehe Abbildung 3.17) prüfen.

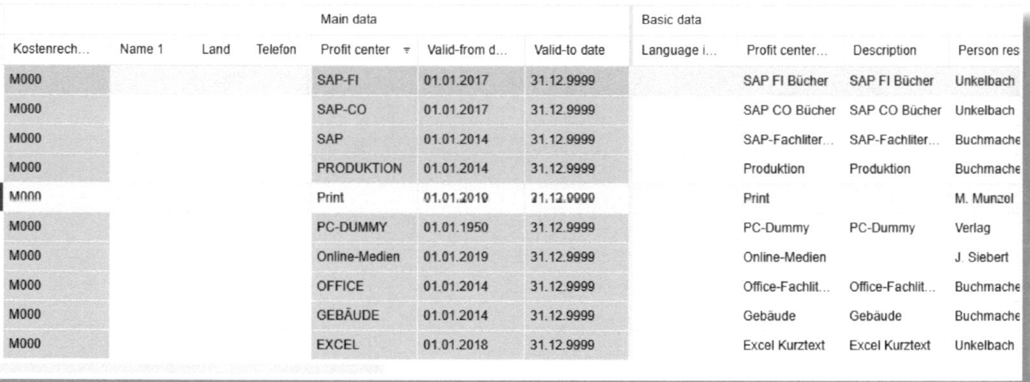

				Main data			Basic data			
Kostenrech...	Name 1	Land	Telefon	Profit center	Valid-from d...	Valid-to date	Language i...	Profit center...	Description	Person res
M000				SAP-FI	01.01.2017	31.12.9999		SAP FI Bücher	SAP FI Bücher	Unkelbach
M000				SAP-CO	01.01.2017	31.12.9999		SAP CO Bücher	SAP CO Bücher	Unkelbach
M000				SAP	01.01.2014	31.12.9999		SAP-Fachliter...	SAP-Fachliter...	Buchmache
M000				PRODUKTION	01.01.2014	31.12.9999		Produktion	Produktion	Buchmache
M000				Print	01.01.2019	31.12.9999		Print		M. Munzol
M000				PC-DUMMY	01.01.1950	31.12.9999		PC-Dummy	PC-Dummy	Verlag
M000				Online-Medien	01.01.2019	31.12.9999		Online-Medien		J. Siebert
M000				OFFICE	01.01.2014	31.12.9999		Office-Fachlit...	Office-Fachlit...	Buchmache
M000				GEBÄUDE	01.01.2014	31.12.9999		Gebäude	Gebäude	Buchmache
M000				EXCEL	01.01.2018	31.12.9999		Excel Kurztext	Excel Kurztext	Unkelbach

Abbildung 3.17: Übersicht hochgeladene Datei

Auf einen Blick erkennen Sie, dass alle Daten den richtigen Feldern zugeordnet wurden.

Über die Schaltfläche Zurück gelangen Sie wieder in die Übersicht der Quelldateien und können jetzt die einzuspielende Quelldatei, wie in Abbildung 3.18 zu sehen, auswählen, um alle im Template gepflegten Profitcenter zu übertragen. Für unser Beispiel klicken Sie dazu in das leere Feld vor der Zeile mit unserem Migrationsobjekt (siehe ❶). Hierdurch werden die bisher inaktiven Schaltflächen Löschen ❷ und Aktivieren ❸ im unteren Ausschnitt der Abbildung aktiv.

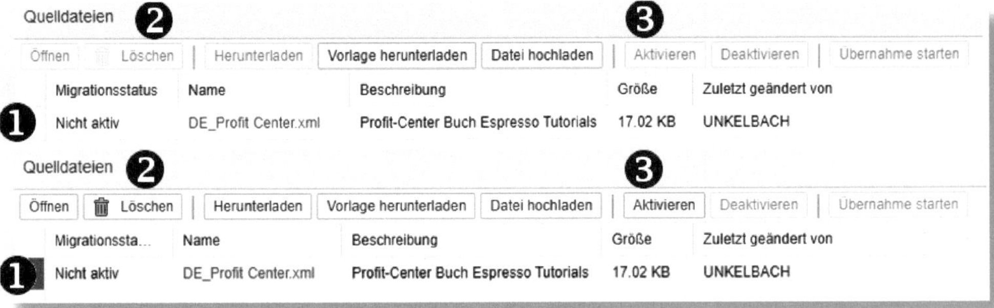

Abbildung 3.18: Quelldatei auswählen

Quelldatei löschen bzw. überarbeiten

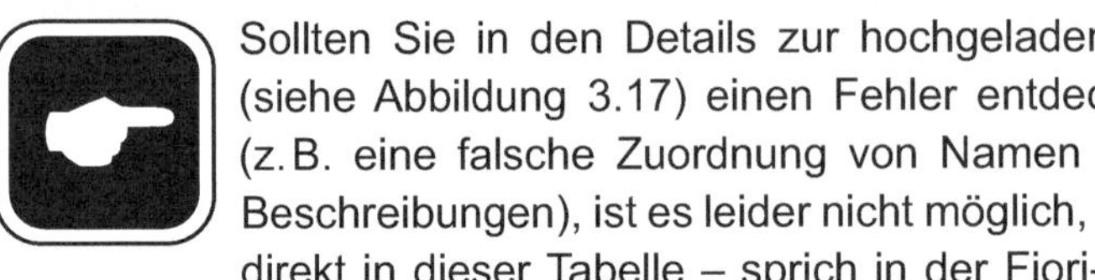

Sollten Sie in den Details zur hochgeladenen Datei (siehe Abbildung 3.17) einen Fehler entdeckt haben (z. B. eine falsche Zuordnung von Namen und/oder Beschreibungen), ist es leider nicht möglich, die Daten direkt in dieser Tabelle – sprich in der Fiori-App – zu bearbeiten. Es ist daher erforderlich, die Korrektur in Excel vorzunehmen und das Template erneut hochzuladen. Die vormals hochgeladene Datei kann in diesem Fall einfach gelöscht werden.

Um nun die Migration zu starten, klicken Sie in der Symbolleiste auf die Schaltfläche Aktivieren. Sobald die Quelldatei erfolgreich aktiviert worden ist, wählen Sie die Schaltfläche Übernahme starten.

3.5 Datenvalidierung und Migration

Insgesamt umfassen Validierung und Migration der Daten vier Schritte:

1. Daten validieren
2. Werte konvertieren
3. Import simulieren
4. Import ausführen

3.5.1 Daten validieren

Durch die Übernahme der Daten erfolgt eine erste Prüfung der eingespielten Daten (den Fortschritt zeigt Abbildung 3.19), zudem werden Sie auf mögliche Fehler hingewiesen.

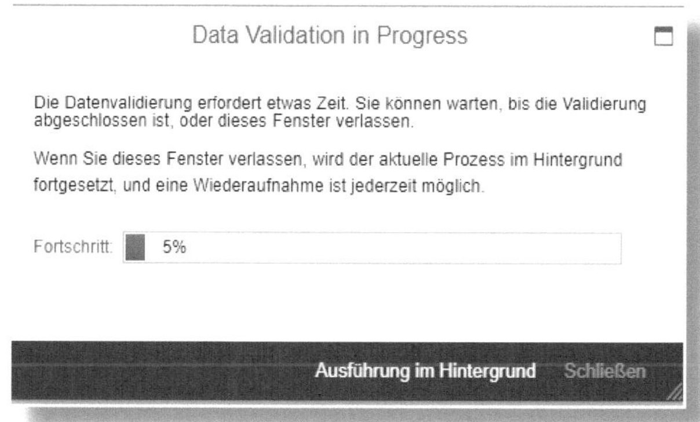

Abbildung 3.19: Fortschritt der Datenprüfung

Auf diese Weise wird schon während des Überspielens seitens des Systems geprüft, ob die Daten korrekt gepflegt sind.

Im ersten Schritt erhalten Sie als Ergebnis der Datenprüfung eine Übersicht der einzelnen Meldungen zu den importierten Daten. Wie in Abbildung 3.20 zu lesen, erfolgt während der Validierung eine Prüfung auf Konsistenz der Datenquellen. Das System gibt eine Meldung aus, wenn hier formale Fehler auftreten, wie beispielsweise ein nicht gefülltes Pflichtfeld oder Vergleichbares.

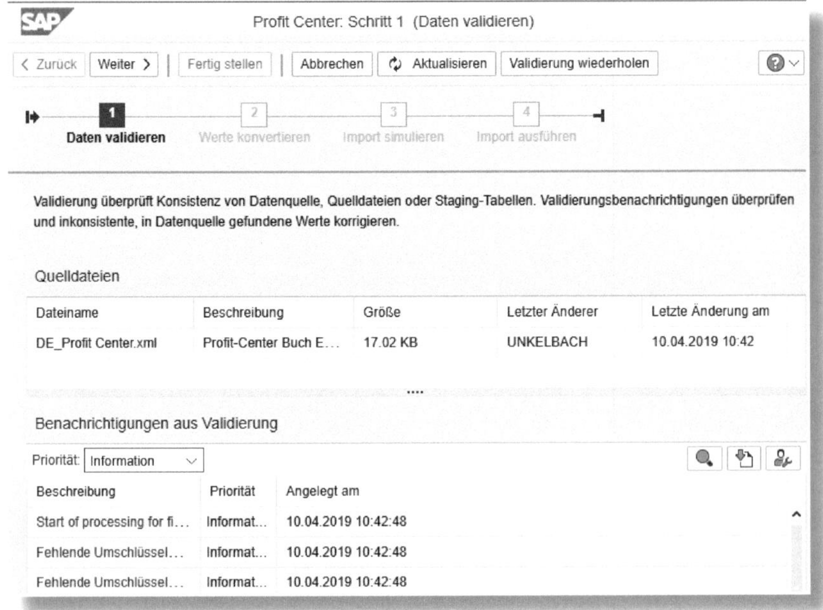

Abbildung 3.20: Schritt 1 – Daten validieren

Im Bereich Benachrichtigungen aus Validierung werden Meldungen vom Typ *Information*, *Warnung* und *Fehler* ausgegeben, die Sie über die Auswahlliste zum Feld Priorität filtern können.

Über die Schaltfläche Weiter > können die nächsten Schritte aufgerufen werden.

3.5.2 Werte konvertieren

Im zweiten Schritt »Werte konvertieren« schlägt Ihnen LTMC Aktivitäten zur Wertkorrektur vor (siehe Abbildung 3.21). Diese sind im Ar-

BEITSVORRAT als einzelne Aufgaben gelistet, die Sie der Reihe nach abarbeiten können.

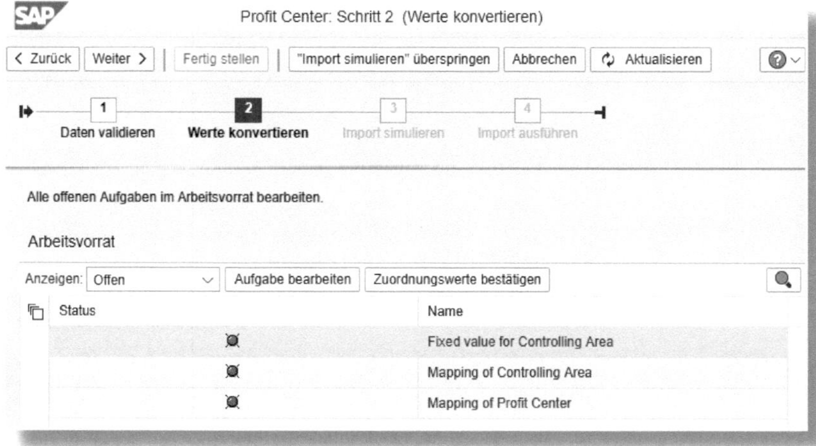

Abbildung 3.21: Schritt 2 – Werte konvertieren

Teilweise werden in diesen Aufgaben Vorschläge zur Korrektur seitens des SAP-Systems gemacht. Sollten weitere Angaben von Ihnen erforderlich sein, können Sie somit direkt auf bereits hinterlegte Werte zurückgreifen.

Anhand der beiden Migrationsobjekte »Profit Center« und »Kunde« gehe ich im Folgenden auf Besonderheiten beim Schritt »Werte konvertieren« ein.

Migrationsobjekt »Profit Center«

Sie erhalten mit Klick auf die Fehlermeldung *Fixed value for Controlling Area* die Möglichkeit, einen passenden Kostenrechnungskreis auszuwählen – in Abbildung 3.22 unter ❶ und anschließend ❷.

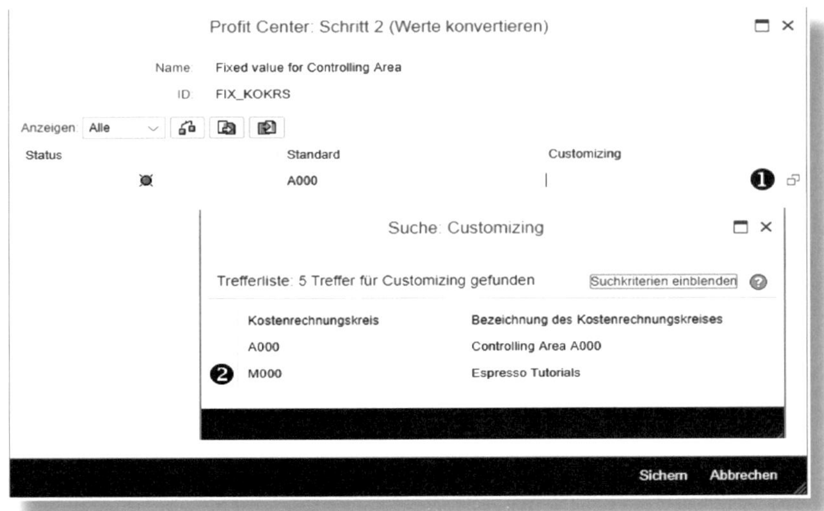

Abbildung 3.22: Korrektur für »Fixed value for Controlling Area« (Kostenrechnungskreis)

Im gezeigten Beispiel wählen wir den Kostenrechnungskreis *M000 Espresso Tutorials*, woraufhin in der Spalte STATUS statt der roten eine grüne Ampel erscheint (siehe Abbildung 3.23), da im Feld CUSTOMIZING nun ein Wert für den Kostenrechnungskreis hinterlegt ist und keine weitere Angabe mehr erwartet wird. Über die Schaltfläche **Sichern** speichern wir die gewählte Einstellung und übernehmen so den Wert.

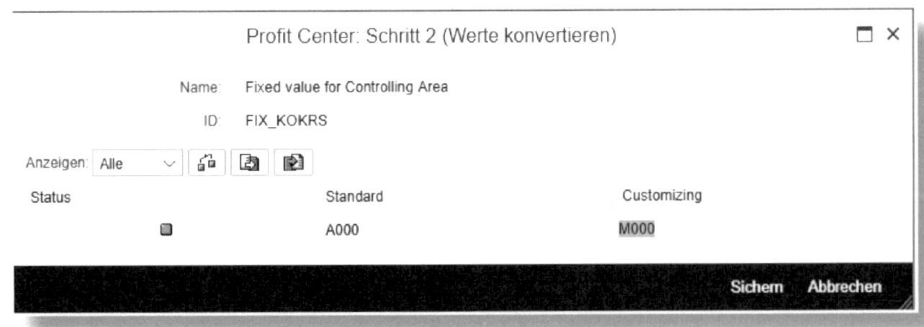

Abbildung 3.23: Kostenrechnungskreis zugewiesen

Nachdem die Einstellung angepasst worden ist, verschwindet die Meldung aus dem Arbeitsvorrat, da sich der Status von *Offen* auf *Abgeschlossen* geändert hat. In der Aufgabenübersicht in Abbildung 3.21 ist unter ANZEIGEN der Status auf *Offen* gefiltert, weshalb Sie nur die entsprechenden Aufgaben angezeigt bekommen.

In den folgenden Meldungen müssen Sie nun nicht mehr selbst Werte eintragen, sondern können die Zuordnung der einzelnen Werte aus dem hochgeladenen Template bestätigen. In Abbildung 3.24 sehen Sie die Werte für die Aufgabe *Mapping of Controlling Area* und *Mapping of Profit Center*. Die einzelnen Aufgaben können nicht nur Angaben zu fehlenden Werten oder Zusatzinformationen umfassen, sondern auch eine Kontrolle der aus dem Template ausgelesenen Werte sowie die geplante Zuordnung zum Migrationsobjekt. Dabei werden direkt die aus der Quelldatei importierten Werte vorgeschlagen. Wenn diese als korrekt erkannt und zugeordnet sind, markieren Sie die relevanten Zeilen und bestätigen über die Schaltfläche ✓. Wie in Abbildung 3.24 zu sehen, können hier sowohl einzelne Einträge als auch – mit rechtem Mausklick auf die Spalte links neben STATUS – durch ALLES AUSWÄHLEN alle importierten Daten zugeordnet werden.

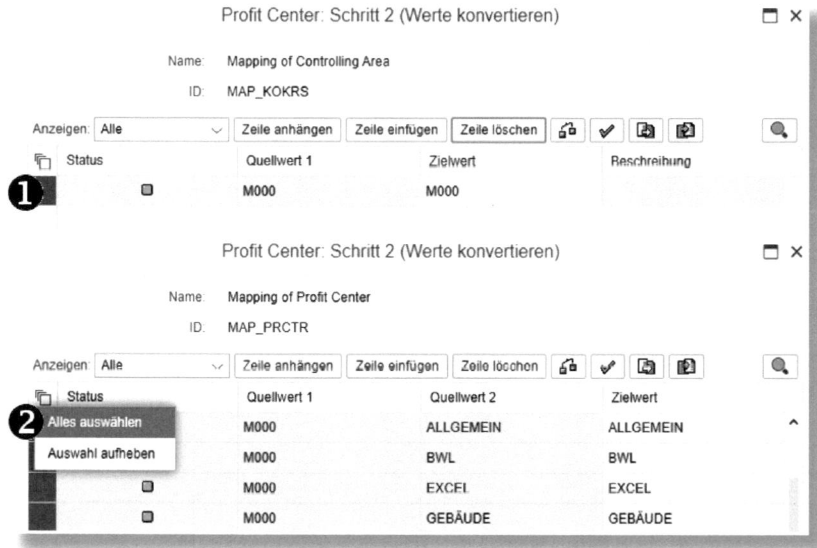

Abbildung 3.24: Mapping of Controlling Area/Profit Center

Migrationsobjekt »Kunde«

Neben unserem Beispiel für die Profitcenter haben wir als weiteres Migrationsobjekt den Geschäftspartner (Debitor/Kunde) (siehe Abschnitt 3.2), für den ich ebenfalls auf die eine oder andere Besonderheit bei der Wertkonvertierung eingehen möchte.

Gerade bei externen Daten, z. B. aus einer Kundenverwaltung, kann eine Umschlüsselung besonders hilfreich sein. Dabei werden über ein Mapping Quelldaten ihrem gleichbedeutenden Pendant im Zielsystem zugeordnet. So wird etwa bei den Kundendaten in Abbildung 3.25 die Zuordnung von Feldern für das Land *Germany* in der Spalte Quellwert 1 zum Zielwert *DE* für den Ländercode erfolgen.

Abbildung 3.25: Ländercode zuordnen

Sobald Sie diese Festlegung bestätigt haben, ändert sich der Status von und zu .

Der Vorteil eines solchen Mappings ist, dass es einmalig angelegt wird und dann innerhalb des Migrationsprojekts auf alle importierten Daten angewendet werden kann.

Ein weiterer wichtiger Aspekt im Zuge einer Stammdatenmigration ist die Vorgehensweise bei der internen und externen Nummernvergabe, sei es bei Innenaufträgen oder auch bei Geschäftspartnern. Im Template zum Kunden sind die Nummern verpflichtend anzugeben.

Interne oder externe Nummernvergabe

Bei einer **internen Nummernvergabe** wird beim Anlegen des Migrationsobjekts vom SAP-System eine aufsteigende Nummer zugewiesen. Dennoch ist es erforderlich, dass Sie im Template zusätzlich eine Nummer als Schlüsselfeld bestimmen; beim Migrationsobjekt »Kunde« wäre dies beispielsweise die *Customer Number*. Diese intern vergebene Nummer kann durchaus mit derjenigen aus Ihrem Quellsystem übereinstimmen, sofern die Daten in der gleichen Reihenfolge und im identischen Nummernkreis angelegt werden.

Bei der **externen Schlüsselvergabe** würde die im Template eingetragene Nummer direkt übernommen werden. In beiden Fällen müssen Sie also eine Nummer eintragen, aber die Art der Nummernvergabe entscheidet darüber, ob das SAP-System oder Sie die Nummerierung im Zielsystem für das anzulegende Objekt festlegen.

Ein Hinweis im Template (Zeile 8) zeigt in einem solchen Fall an, dass Schlüsselfelder wie die Kundennummer des Geschäftspartners obligatorisch anzugeben sind und zudem eindeutig sein müssen. Über die hier hinterlegte Nummer werden die weiterführenden Daten aus den optionalen Tabellen verknüpft und zugeordnet.

Beim Upload des Templates im Schritt 2 (»Werte konvertieren«) sind im Rahmen der Nummernvergabe noch weitere Aufgaben bei der Zuordnung der Quelldaten zu erledigen. Ich erläutere diese nur am Beispiel des Geschäftspartners (Business Partner), wobei sie ebenso für CO-Innenaufträge oder andere Objekte mit interner Nummernvergabe gelten.

Bei den folgenden Aufgaben treffen Sie die Entscheidung, ob die Nummernvergabe intern (also durch das SAP-System) oder extern (also durch die Angabe im Feld Customer Number) erfolgen soll. Bevor Sie diese Entscheidung überhaupt treffen können, ist als Erstes die *Geschäftspartnergruppierung* (siehe Abbildung 3.26) als Zielwert zu hinterlegen. Durch die Geschäftspartnergruppierung wird im Customizing zum jeweiligen Geschäftspartner festgelegt, in welchem Nummernkreis die Zuordnung für die interne oder externe Nummernvergabe erfolgt. Beim CO-Innenauftrag wäre das Pendant die *Auftragsart*.

Abbildung 3.26: Zuordnung der Geschäftspartnergruppierung BP01

Über die Aufgabe *Mapping of Business Partner Grouping* wird die Zuordnung der Geschäftspartnergruppierung vorgenommen. In unserem Fall ist *BP01* einer externen und *BP02* einer internen Nummerierung zugewiesen.

Hier zeigt sich ein weiterer Vorteil der Wertkonvertierung: Sofern die Geschäftspartnergruppierung noch nicht bekannt ist, können Sie als Quellwert auch INT für interne Nummerierung und EXT (nicht im Bild) für externe Nummerierung eintragen und somit in diesem Schritt BP01 und BP02 automatisch zuordnen.

In unserem Beispiel sollen nur die Kunden mit einer externen Nummerierung an das SAP-System übertragen werden. Als Geschäftspartnergruppierung wird daher für die Datensätze *BP02* gewählt. Allerdings sind noch zwei Regeln als weitere Aufgaben zu pflegen (siehe Abbildung 3.27).

Beide Regeln legen fest, dass die im Template übergebenen Nummern für die Kundendaten als externe Nummern übernommen werden sollen.

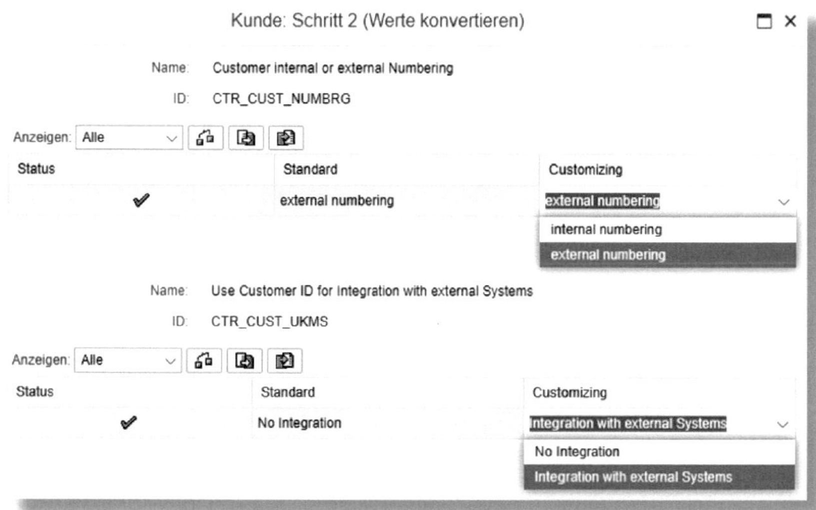

Abbildung 3.27: Externe Nummernvergabe – Kunden-ID für externe Nummern

Sind alle Aufgaben im Arbeitsvorrat in dieser Weise abgearbeitet, erscheint die Meldung aus Abbildung 3.28.

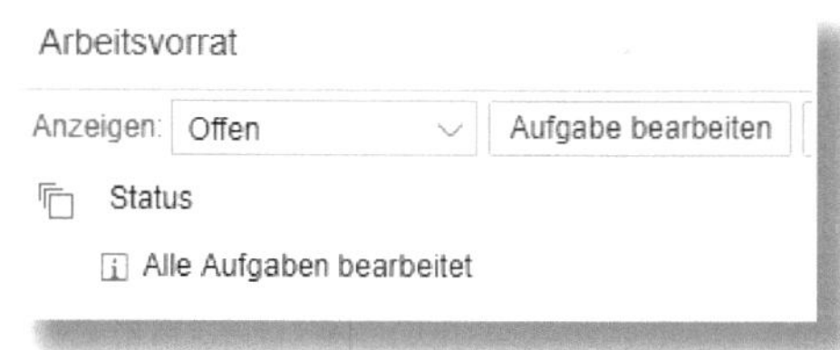

Abbildung 3.28: Alle Aufgaben bearbeitet

Damit sollten die von Ihnen hochgeladenen Daten prinzipiell in das S/4HANA-System gelangen und dort angelegt werden können. Es ist aber sinnvoll, zuvor die Besonderheiten im nächsten Schritt zu beachten.

3.5.3 Import simulieren

Mit dem nächsten Schritt »Import simulieren« erfolgt ein Testlauf der Datenmigration.

Inaktive Aufgaben im Arbeitsvorrat

Vor der Simulation möchte ich noch einen Hinweis auf die Aufgaben mit dem Status »inaktiv« geben. Für jedes Migrationsobjekt werden seitens der SAP ein entsprechendes Mapping und diverse Prüfroutinen zur Verfügung gestellt. Wie im Abschnitt 3.3.1 erläutert, gibt es obligatorische und optionale Felder, die in der Vorlage gefüllt werden können. Wenn entsprechende optionale Daten nicht gepflegt sind, werden auch die zugeordneten Mappings und Prüfungen nicht ausgeführt – diese sind dann als »inaktiv« markiert und weder als offene noch als abgeschlossene Aufgaben ausgewiesen.

Durch die Simulation werden die Quelldaten im Hintergrund auf das Zielsystem übertragen, ohne dass sie dort gespeichert würden.

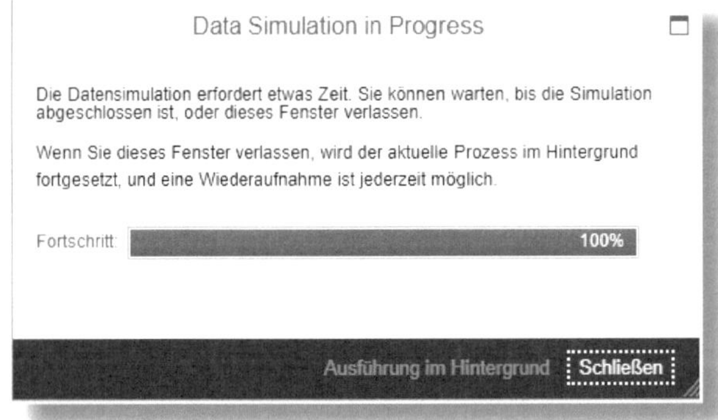

Abbildung 3.29: Statusmeldung Datensimulation

Sollten Sie im Laufe der Simulation Fehler entdecken – etwa wenn abhängige Objekte noch nicht angelegt waren –, können Sie Ihre Daten noch korrigieren. Falls Ihre Einspieldatei einen Fehler enthält, können

Sie diese erneut mit korrigierten Werten hochladen. Wie in Abbildung 3.17 zu sehen, können die hochgeladenen Daten nur betrachtet, aber nicht innerhalb der Listenansicht im LTMC bearbeitet werden. Sollten sie einen Fehler enthalten, müssen Sie einen korrigierten Satz an Daten (korrigiertes Template = Vorlagedatei) hochladen und das fehlerhafte Template löschen. Im Abschnitt 3.6 werde ich noch detaillierter auf den Umgang mit Fehlern eingehen.

Validierung bzw. Konvertierung vs. Simulation

In den Schritten »Daten validieren« und »Werte konvertieren« kontrolliert SAP »nur«, ob die Daten technisch übernommen werden können, sie also grundsätzlich vom Format oder der Wertzuordnung her einspielbar sind. Durch die Simulation werden nun alle Datensätze einzeln dahingehend geprüft, ob sie auch tatsächlich angelegt werden können. Für unser Beispiel können Sie sich das so vorstellen: In den ersten beiden Schritten prüfen wir, ob alle notwendigen Daten zur Anlage der Stammdaten eines Profitcenters vorhanden sind (z. B. alle obligatorischen Felder), oder auch, ob das richtige Datenformat gewählt wurde und kein Text in einem Datumsfeld steht. In der Simulation versucht das System, über die entsprechende Transaktion zur Anlage des Profitcenters die Daten tatsächlich einzutragen und zu sichern. Hierdurch können z. B. Fehler infolge von Abhängigkeiten festgestellt werden, ohne dass vorab Daten gespeichert und übertragen worden sind. Dementsprechend ist grundsätzlich eine Datenkorrektur der im Rahmen der Simulation erkannten Fehler möglich. Im nachfolgenden Abschnitt 3.6 wird dieses am Beispiel einer nicht gepflegten Bank zum Debitor verdeutlicht (vgl. auch die Abhängigkeit zum Vormigrationsobjekt in Abbildung 3.4 ❹).

3.5.4 Import ausführen

Sofern die Simulation der Daten fehlerfrei verlief, können diese anschließend in einem vierten Schritt »Import ausführen« in das SAP-

System übertragen werden. Nach der erfolgreichen Migration sind die Profitcenter direkt angelegt und auch andere von Ihnen als Template eingespielte Daten im System vorhanden.

3.6 Fehlerbehandlung

Es ist zudem möglich, den Import über die Schaltfläche "Import simulieren" überspringen ohne vorherige Simulation inklusive Datenkorrektur anzustoßen und fehlerhafte Daten auch nach Abschluss des Imports noch zu berichtigen. Ich nutze hier diese Funktion für das Beispiel einer nicht gepflegten Bank zum Debitor, da sich dieser Fall in meinen Augen sehr gut zur Darstellung eines Fehlers eignet und aufzeigt, wie dieser zu lösen ist. Eine Fehlermeldung hätte es in dieser Konstellation natürlich auch bereits im Abschnitt 3.5.3 bei der Simulation gegeben.

Im Migrationsobjekt soll ein Kunde angelegt werden, bei der Übertragung kommt es zur in Abbildung 3.30 gezeigten Fehlermeldung.

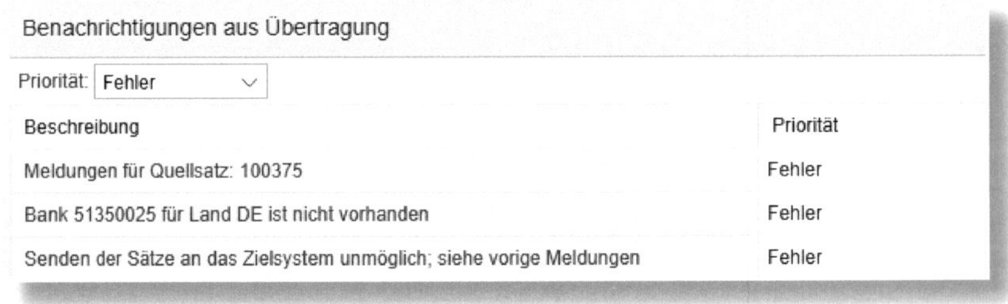

Abbildung 3.30: Fehlermeldung zum Quelldatensatz

In der ersten Zeile wird darauf hingewiesen, dass eine *Meldung für den Quellsatz 100375* vorliegt. In der zweiten Zeile wird der Grund für diesen Fehler angegeben: Die *Bank 51350025 für Land DE ist nicht vorhanden.*

Zur Erinnerung: In der Übersicht der Migrationsobjekte wurde »Bank« als obligatorisches Vormigrationsobjekt ausgewiesen (siehe Abbildung 3.4 ❹). Daher ist die Anlage dieses Kunden nicht möglich, wie in der dritten Zeile in der Abbildung zu lesen ist. Alle anderen Datensätze wurden jedoch erfolgreich eingespielt.

Durch die Schaltfläche Fertig stellen kann in die Übersicht der Quelldateien gewechselt werden, wo die fehlerhaften Datensätze in einer neuen Quelldatei gespeichert sind. Diese in Abbildung 3.31 mit der Beschreibung *Delta-Datei* versehene Datei enthält ausschließlich alle fehlerhaften Datensätze, zu denen die Bank im System fehlt. Sie bietet den Vorteil, dass im Team regelmäßig Daten hochgeladen werden können, ohne dass die fehlerhaften Datensätze manuell aussortiert werden müssen.

Abbildung 3.31: Delta-Datei

Diese Delta-Datei können Sie markieren, um sie herunterzuladen und der Finanzbuchhaltung zur Kontrolle zu übergeben oder alternativ per Aktivieren und Übernahme starten einzuspielen, aber natürlich erst, nachdem die fehlende Bank im System angelegt worden ist.

3.7 Komplexere Migrationsobjekte

In den bisherigen Abschnitten bin ich auf die Anwendung des Migrationscockpits eingegangen und habe sowohl die einzelnen Templates, den Transfer der Daten inklusive Datenvalidierung und Zuordnung als auch den Umgang mit möglichen Fehlern bei der Datenmigration dargestellt. Als Beispiele habe ich bisher jedoch nur einfache Stammdaten wie z. B. das Profitcenter zugrunde gelegt.

Neben diesen Stammdaten können jedoch auch Bewegungsdaten migriert werden. Gerade bei der Migration von Sachkontensalden stellt sich die Frage, ob durch die Zusammenlegung von Kostenart und Sachkonto zum Universal Journal in S/4HANA auch CO-Objekte wie die Kostenstelle und ein Innenauftrag mitgegeben werden können. Ein ebenso wichtiges Thema ist der Transfer im Rahmen der Anlagenbuchhaltung oder auch die Migration aus einem Altsystem, in dem es nur Kunden (Debitoren) und Lieferanten (Kreditoren) gibt, hin zum neuen gemeinsamen Objekt »Geschäftspartner«.

Die SAP hat diverse Templates zu einzelnen Migrationsobjekten zur Verfügung gestellt, die auch umfangreicheren Migrationsanforderungen gerecht werden.

Diese möchte ich Ihnen in den folgenden Abschnitten vorstellen und im Zuge dessen die eingangs in diesem Abschnitt gestellte Frage zu den Sachkontensalden und mitzugebenden CO-Objekten beantworten. Auch weitere ausgesuchte, komplexere Migrationsobjekte werde ich in den folgenden Abschnitten kurz vorstellen. Dabei gehe ich nicht auf die gesamte Migration besagter Migrationsobjekte ein, sondern nur auf einzelne Felder bzw. Hinweise innerhalb der Migrationsobjekte und ihrer Templates. Sie sollen damit einen Eindruck von den »neuen« Möglichkeiten erhalten, die in meinen Augen tatsächlich über die Optionen der Vorgängertechniken hinausgehen. Für die genaue Durchführung einer Migration und das Arbeiten mit der Vorlage verweise ich auf die vorherigen Abschnitte 3.3 bis 3.5.4.

Größe von Template-Dateien

Umfangreichere Migrationsobjekte haben oftmals erhebliche Datenmengen zur Folge, gerade dann, wenn auch Einzelposten migriert werden sollen. Die Größe von Daten-Templates (die XML-Dateien) ist allerdings begrenzt.

Für die S/4HANA-Cloud-Version beträgt sie maximal 100 MB je Template-Datei. Es besteht aber die Möglichkeit, das Größenlimit zu erhöhen, indem Sie mehrere Template-Dateien in einer ZIP-Datei zusammenfassen und diese anschließend hochladen. Die Größe der enthaltenen Template-Dateien darf insgesamt bis zu

160 MB betragen. Für die ZIP-Datei selbst liegt das Limit weiterhin bei 100 MB.

In der On-Premise-Version kann das Limit für die hochzuladende XML-Datei über einen Profil-Parameter aber auf 160 MB erhöht werden. Dies ist in der Transaktion *RZ10* (Pflege von Profil-Parametern) in Ihrem Systemprofil (bspw. *DEFAULT.PFL*) unter Erweiterte Pflege mithilfe des Parameters `icm/HTTP/max_request_size_KB` möglich. Dieser Wert regelt die maximale Größe eines HTTP(S)-Requests (in KBytes), der vom Internet Communication Manager (ICM) an das SAP-System weitergegeben wird. Hier zeigt sich auch, dass LTMC als Fiori-App über die Webschnittstelle mit dem SAP-System kommuniziert. Als Wert kann hier entweder »-1« eingetragen werden, wodurch die Prüfung auf Dateigröße systemweit entfällt (die Requests also eine beliebige Länge haben können), oder gemäß den maximal möglichen 160 MB ein Wert von 163840 bzw. einfach 160000. Diese Einstellung kann Ihre lokale SAP-Basis vornehmen.

3.7.1 Migration von Kreditor und Debitor

Sofern Sie dies nicht schon unter ERP getan haben, stehen Sie mit der Einführung von S/4HANA vor der Herausforderung, die Stammdaten Ihrer Lieferanten (Kreditoren) und Kunden (Debitoren) als Geschäftspartner (Business Partner) anzulegen. Kunden und Lieferanten werden in den verschiedenen Rollen eines Geschäftspartners unterschieden, der übergeordnete Datensatz bleibt jedoch der Geschäftspartner. Grundsätzlich sind Kunde und Lieferant separate Geschäftspartner mit verschiedenen Nummern. Es besteht jedoch die Möglichkeit, über das Migrationsobjekt »Lieferant – vorhand. Satz um neue Organisationsebenen erwei.« einen bereits migrierten Kunden als Geschäftspartner im Zielsystem durch zusätzliche Informationen zum Lieferanten zu erweitern.

Für die zu migrierenden Kunden habe ich für das Migrationsobjekt »Kunde« (siehe Abbildung 3.32) und für das eben angesprochene Migrationsobjekt (siehe Abbildung 3.33) im Tabellenblatt BP Roles entsprechende Rollen hinterlegt.

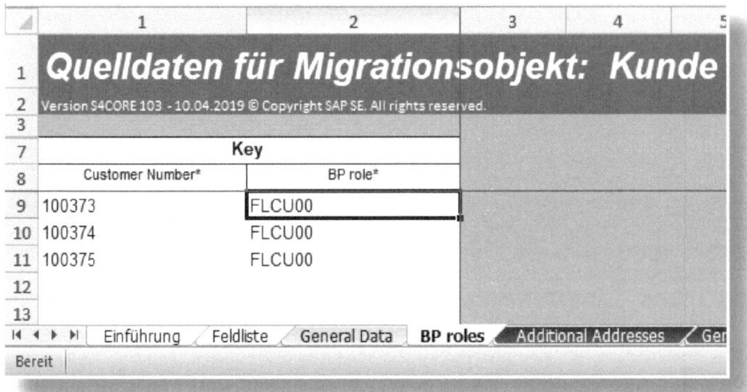

Quelldaten für Migrationsobjekt: Kunde

Version S4CORE 103 - 10.04.2019 © Copyright SAP SE. All rights reserved.

Key	
Customer Number*	BP role*
100373	FLCU00
100374	FLCU00
100375	FLCU00

Einführung | Feldliste | General Data | BP roles | Additional Addresses

Abbildung 3.32: BP roles – Template »Kunde«

Quelldaten für Migrationsobjekt: Lieferant - vorhand. Satz um neue Organisationsebenen erwei.

Version S4CORE 103 - 25.08.2019 © Copyright SAP SE. All rights reserved.

Key	
Vendor*	BP Role*
100373	BBP000
100374	BBP000
100375	BBP000

Einführung | Feldliste | General Data | BP Roles | Additional Address

Abbildung 3.33: BP roles – Template »Lieferant – vorhand. Satz um neue Organisationsebenen erwei.«

Neben *FLCU00* (*Kunde (Finanzbuchhaltung)*) können Sie auch *BBP000* (*Lieferant*) als weitere Rolle für das zu migrierende Migrationsobjekt angeben, sodass ein entsprechender Stammsatz für die Rolle »Lieferant« hinterlegt wird. Selbst wenn der Geschäftspartner einerseits als Kunde und andererseits als Lieferant geführt werden soll, werden die Stammdaten nur unter einer Geschäftspartnernummer gepflegt und sowohl für kreditorische als auch für debitorische Buchungen genutzt. Vorteil: Bei Änderung der Stammdaten sind diese nur noch im Geschäftspartner und nicht mehr sowohl im Kreditoren- als auch im Debitorenstammsatz zu pflegen.

Da gerade das Thema »Geschäftspartner« sehr umfangreich ist, möchte ich an dieser Stelle auf das Buch »Praxishandbuch SAP-Geschäftspartner (Business Partner)« von Robin Schneider verweisen, das 2020 in zweiter Auflage bei Espresso Tutorials erschienen ist. Darin werden die verschiedenen Rollen der Geschäftspartner sowie das notwendige Customizing praxisnah dargestellt. An dieser Stelle soll uns der Hinweis reichen, dass das entsprechende Template neben den reinen Stammdatenfeldern auch eine passende Steuerung für unterschiedliche Anforderungen beinhaltet. Der Vortrag »Erfahrungsbericht S/4HANA Geschäftspartner-Migration« von Samuel Gonzalez (ConVista Consulting AG) auf den FICO-Forum-Infotagen 2019 stellte das Thema noch einmal gesondert vor.

Migrationsobjekt für Geschäftspartner

Bis zur Version S/4HANA 1809 werden Kunden und Lieferanten zwar noch jeweils mit der allgemeinen Rolle »Geschäftspartner« angeboten, jedoch fehlt noch ein Migrationsobjekt für den Geschäftspartner selbst. Sofern im Altsystem bereits eine Customer-Vendor-Integration (CVI) durchgeführt worden ist (in ERP bspw. durch das Modul CRM), gibt es derzeit kein Migrationsobjekt, um Geschäftspartner als übergreifendes Objekt ohne Bezug zur Rolle Kunde oder Lieferant direkt zu übertragen.

3.7.2 Sachkontensaldo oder offene Posten

Gerade im Rechnungswesen ist eine wichtige Frage beim Wechsel von ERP auf ein S/4HANA-System, wie mit den Sachkontensalden bzw. mit vorhandenen offenen Posten umgegangen werden kann. Auch hierfür stellt die LTMC gezielt Migrationsobjekte zur Verfügung, auf deren Besonderheiten ich kurz eingehen werde.

Für Sachkonten werden als Migrationsobjekte drei relevante Vorlagen angeboten, wie in Abbildung 3.34 gezeigt.

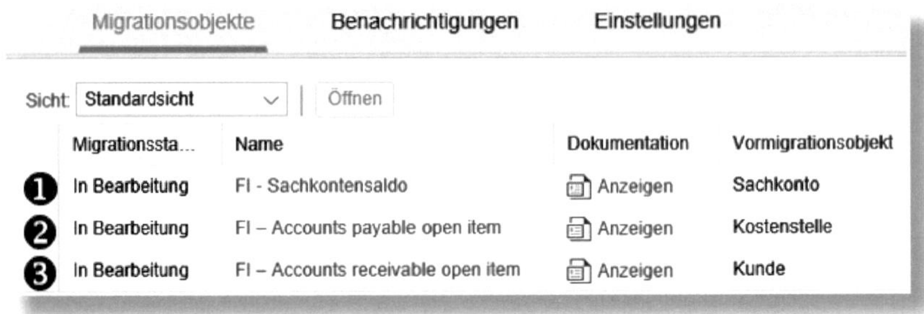

Abbildung 3.34: Migrationsobjekte zu FI – Sachkonto/Accounts

Unter ❶ kann der Sachkontensaldo migriert werden. Dabei können die Einzelposten zum Sachkonto übertragen werden. Neben den reinen Sachkontensalden lassen sich auch offene Posten migrieren. Dies betrifft unter ❷ die offenen Posten, die noch auszugleichen sind – in der Kreditorenbuchhaltung auch bekannt als *offene Kreditorenposten* –, und unter ❸ die noch nicht ausgeglichenen offenen Posten – in der Debitorenbuchhaltung auch bekannt als *offene Debitorenposten*. Beachten Sie dabei, dass zur Migration von Anlagebeständen ein eigenes Migrationsobjekt »Anlage (einschl. Salden und Vorgänge)« vorgesehen ist.

Auf einige Besonderheiten dieser drei Migrationsobjekte möchte ich im Einzelnen eingehen, da das Betrachten der Templates gleichzeitig die Möglichkeiten des Migrationscockpits offenbart.

Bevor wir im Weiteren die in den einzelnen Templates vorhandenen Felder ansehen, möchte ich noch auf eine Besonderheit von S/4HANA gegenüber einem ERP-System hinweisen: In S/4HANA sind die Module des Rechnungswesens etwas enger miteinander verzahnt, eine Unterscheidung zwischen Kostenarten und Sachkonten entfällt. So verweist die Transaktion *KA03* (Kostenart anzeigen) nun ebenfalls auf die Transaktion *FS00* (Sachkonto bearbeiten) in der Anzeigefunktion.

In Abbildung 3.35 ist für das Sachkonto *63006000 – Telefon und Sonstiges* im Bereich »Steuerung im Kontenplan YCOA Kontenplan« die Sachkontoart *Primärkosten oder Erlöse* ausgewählt.

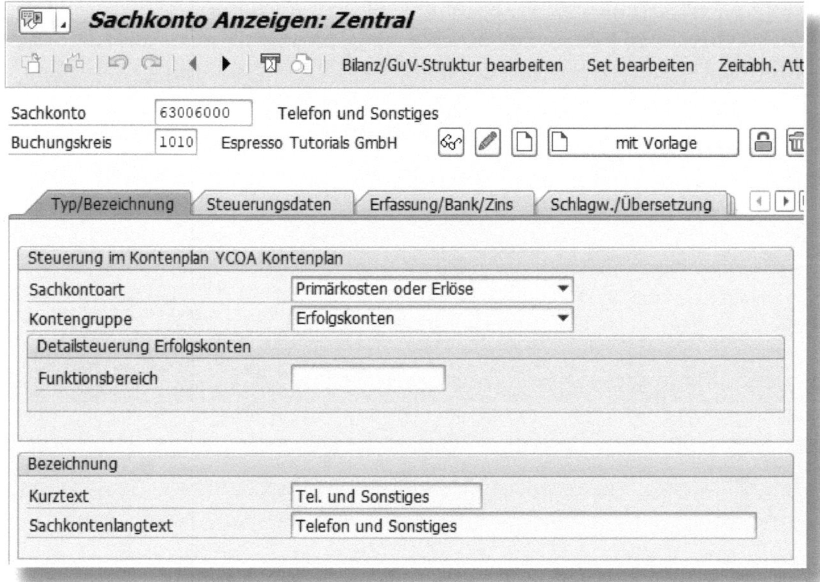

Abbildung 3.35: Sachkonto anzeigen

Die Sachkontoart legt fest, wie das Sachkonto im FI oder CO verwendet werden kann. Die in unserem Fall gewählte Sachkontoart zeigt, dass es sich um ein in FI und CO eingesetztes Gewinn- und Verlustkonto (GuV) handelt.

Weitere Sachkontoarten sind *Bestandskonto*, *Nicht betriebliche Aufwendungen und Erträge* (nur in FI verwendetes GuV-Konto) oder auch *Sekundärkosten* (nur in CO verwendetes GuV-Konto).

FI-Sachkontensaldo

Das Template für das Migrationsobjekt »FI – Sachkontensaldo« beinhaltet neben einer Einführung und der FELDLISTE lediglich das Tabellenblatt GL BALANCES.

Gerade für die Migration des Sachkontensaldos ist es daher interessant, ob dabei auch CO-Kontierungsobjekte wie die Kostenstelle oder

der CO-Innenauftrag mit aufgenommen werden können. Ein Blick auf Abbildung 3.36 weist hier sowohl Kostenstelle als auch Internal Order Number (Innenauftrag) als optionale Felder aus.

Feldliste für Migrationsobjekt: FI - Sachkontensaldo

Blattname	Gruppenname	Feldbeschreibung	Wichtigkeit	Typ	Länge	Dezimalstell
		Kostenstelle		Text	80	
	CO Account Assignment	Profit Center		Text	80	
		Internal Order Number		Text	80	
		Network Number for Account		Text	80	
		Segment for Segmental Reporting		Text	80	

Abbildung 3.36: CO-Kontierung – Migration Sachkontosaldo

Damit ist also auch die Übergabe der CO-Kontierungsobjekte optional möglich. Innerhalb dieses Templates werden Belegkopf, Sachkontozeile und Währungsposition unterstützt. Je Belegbuchung kann nur eine Zeile in der Migrationsdatei eingegeben werden, mehrere Einzelposten pro Belegbuchung sind nicht möglich. Die Gegenbuchung für das Sachgegenkonto wird automatisch generiert. Daher sind sowohl Hauptbuchkonto (G/L Account) als auch Gegenkonto (Offsetting G/L Account) als obligatorisch in der Gruppe Account in Abbildung 3.37 vorgesehen.

6	7	8	9	

Quelldaten für Migrationsobjekt: FI - Sachkontensaldo

HKONT	GKONT	BLDAT	BUDAT	BKTXT
Account		Date		
G/L Account*	Offsetting G/L Account*	Document Date*	Posting Date*	
Mit dem Einzelposten zu buchende Hauptbuchkontonummer. Typ: Text Länge: 30	Die für die Migration zu verwendenden Gegenkonten (Übernahmebuchung). Das BH5-Dokument beschreibt die Gegenkontohauptbücher für offene Posten und offene Salden. Am Ende der Migration muss der Abschlusssaldo NULL betragen. Typ: Text Länge: 80	Das Belegdatum muss mit dem Datum im ursprünglichen Datensatz übereinstimmen Typ: Datum	Für alle Migrationsobjekte „Offene Posten" muss das Buchungsdatum auf den letzten Tag der Vorperiode gesetzt werden. Dieses Buchungsdatum kann sich sowohl vom Erfassungsdatum (Tag der Eingabe in das System) als auch vom Belegdatum (Tag der Erstellung des Originalbelegs) unterscheiden.	Der B Erläuterun für den I bestimr

Abbildung 3.37: Account »FI – Sachkontosaldo«

Der zu buchende Betrag muss in der Gruppe *Amount* als Zahlenwert angegeben werden. Wie in Abbildung 3.38 zu sehen, kann dieser Betrag auch in den unterschiedlichen Währungen ausgewiesen werden.

Feldliste für Migrationsobjekt: FI - Sachkontensaldo

Version S4CORE 103 - 22.07.2019 © Copyright SAP SE. All rights reserved.

Blattname	Gruppenname	Feldbeschreibung	Wichtigkeit	Typ	Länge	Dezimalstel
	Date	Document Date	obligatorisch	Datum		
		Posting Date	obligatorisch	Datum		
	Texte	BKTXT		Text	25	
		SGTXT		Text	50	
	Amount	Amount in Document Currency	obligatorisch	Zahl	13	2
		Amount in Local Currency	obligatorisch	Zahl	13	2
		Amount in Second Local Currency		Zahl	13	2
		Amount in Third Local Currency		Zahl	13	2

Abbildung 3.38: Gruppe »Amount« für FI – Sachkontensaldo

Das Vorzeichen für negative Werte sollte an den Anfang gestellt werden. Abhängig vom Vorzeichen wird der Buchungsschlüssel für das Sachgegenkonto gewählt. Die Belegart wird über das Feld Document Type* und der Buchungsschlüssel anhand des Vorzeichens der Betragsfelder bestimmt:

Ein negativer Wert ist folgenden Buchungsschlüsseln zugeordnet:

- Buchungsschlüssel 50 (Gutschrift als Buchung) für das Hauptbuchkonto und
- Buchungsschlüssel 40 (Lastschrift als Buchung) für das Sachgegenkonto.

Ein positiver Wert kehrt diese Zuordnung wie folgt um:

- Buchungsschlüssel 40 für das Hauptbuchkonto und
- Buchungsschlüssel 50 für das Sachgegenkonto.

FI – Accounts payable open item

Das Template für das Migrationsobjekt »FI – Accounts payable open item« beinhaltet offene Posten der Kreditorenbuchhaltung (*offene Kreditorenposten*), die als Einzelpositionen noch nicht auszugleichen sind. Für eine Belegbuchung wird eine Position zum Feld Vendor* (zu buchende Kreditorenkonten) erfasst. Die Gegenbuchung wird automatisch für das Sachgegenkonto (Feld Offsetting Account*) generiert. Auch hier werden die Buchungsschlüssel u. a. durch das Vorzeichen in den Betragsfeldern gesteuert. Ein negativer Wert weist den Buchungsschlüssel 31 (Rechnung) für das Kreditoren- und 40 (Lastschrift als Buchung) für das Sachgegenkonto (nur ohne Sonderhauptbuchkennzeichen) zu. Ein positiver Wert ordnet die Buchungsschlüssel 21 (Gutschrift) für das Kreditoren- und 50 (Gutschrift als Buchung) für das Sachgegenkonto (nur ohne Sonderhauptbuchkennzeichen) zu.

Sofern Sie das Feld Special G/L Indicator gepflegt haben, teilen Sie dem System mit, dass ein *Sonderhauptbuchvorgang* zu buchen ist und um welchen Vorgang es sich dabei handelt. Sonderhauptbuchvorgänge umfassen Anzahlungen, Wechsel und Bürgschaften. Das Sonderhauptbuchkennzeichen »W« (bundesbankfähiger Wechsel) wird innerhalb dieses Migrationsobjekts nicht unterstützt. Wenn Sie dieses Kennzeichen gepflegt haben, wird der Buchungsschlüssel aus der Kontoart und dem Sonderhauptbuchkennzeichen abgeleitet. Neben dem obligatorischen Datenblatt Vendor Open Items haben Sie auch die Möglichkeit, die kreditorenspezifische Daten wie Name und Adresse im Tabellenblatt One-Time Account Data anzugeben, die in sogenannten *CpD-Konten* für Geschäftspartner genutzt werden, mit denen man nur einmal oder selten Geschäfte abwickelt. Diese Kontakt- und Bankdaten sind auch bei der direkten Erfassung eines Belegs anzuführen, wenn Sie auf ein solches CpD-Konto buchen.

FI – Accounts receivable open item

Über das Migrationsobjekt »FI – Accounts receivable open item« werden offene Posten der Debitorenbuchhaltung (offene Debitorenposten) migriert, die noch nicht ausgeglichen wurden. Ebenso wie im vorherigen Migrationsobjekt wird pro Buchungszeile ein Belegposten erfasst und im Feld Customer die Debitorennummer hinterlegt. Wiederum wird die Gegenbuchung automatisch für das Sachgegenkonto (Feld Offsetting Account) generiert und der Buchungsschlüssel aus der Kontoart und den Sonderhauptbuchkennzeichen (Feld Special G/L Indicator) festgelegt. Ist Letzteres nicht gefüllt, wird der Buchungsschlüssel über das Vorzeichen in den Betragsfeldern gesteuert.

Ein negativer Wert ordnet der Buchung

- Buchungsschlüssel 11 (Gutschrift) für das Debitorenkonto und
- Buchungsschlüssel 40 (Lastschrift als Buchung) für das Sachgegenkonto (nur ohne Sonderhauptbuchkennzeichen) zu.

Ein positiver Wert ordnet der Buchung

- Buchungsschlüssel 01 (Rechnung) für das Debitorenkonto und
- Buchungsschlüssel 50 (Gutschrift als Buchung) für das Sachgegenkonto (nur ohne Sonderhauptbuchkennzeichen) zu.

Auch bei der Migration von offenen Debitorenposten ist die Angabe von CpD-Kontodaten über das Tabellenblatt One-Time Account Data möglich.

3.7.3 Anlage (einschl. Salden und Vorgänge)

Das Migrationsobjekt »Anlage (einschl. Salden und Vorgänge)« ermöglicht die Altdatenübernahme aus Ihren Anlagevermögen, und zwar sowohl für die Stammdaten als auch für die Anlagenwerte. Allerdings ist als Einschränkung zu beachten, dass die externe Nummernvergabe für Anlagen, Anlagenunternummern sowie Anlagen im Bau (AiB) nicht unterstützt wird. Somit ist es erforderlich, dass für alle Anlagenklassen eine interne Nummernvergabe erfolgt und nur Anlagenhauptnummern übertragen werden. Anlagen im Bau müssen manuell erfasst werden.

Externe Anlagen-ID/Altanlagen-ID

Die im Template übergegebene Anlagennummer wird in den Anlagenstammdaten unter »Herkunft« in das Feld »Ursprüngliche Anlage« migriert, sodass Ihnen an dieser Stelle die bisherige Anlagennummer erhalten bleibt.

Ebenfalls entscheidend ist der Zeitpunkt der Übernahme. Bei der Datenübernahme am Ende eines Geschäftsjahres werden die kumulierten Anschaffungs- und Herstellkosten (AHK) sowie die kumulierten Abschreibungswerte übernommen. Das gilt eigentlich auch für die unterjährige Datenübernahme, jedoch ist die Altdatenübernahme optional auch ohne die Abschreibungswerte des Übernahmejahres möglich, und Sie können die Abschreibungen im System vornehmen lassen. Zusätzlich werden die Bewegungen der Anlage für den Zeitraum vom Geschäftsjahresbeginn bis zum Übernahmedatum übertragen. Beachten Sie ferner, dass Anschaffungswerte positiv, Abschreibungswerte dagegen negativ sein müssen.

Bei den zeitabhängigen Daten zur Anlage (Tabellenblatt Time-Dependent Data) können Daten wie Kostenstelle (Cost Center), Innenauftrag (Internal Order), Werk (Plant), Standort (Asset Location) oder auch Raum (Room) sowie andere Felder mit angegeben werden. Allerdings sind diese hier über die gesamte Gültigkeit der Anlage gepflegt, eine Möglichkeit weitere Zeitintervalle im Template einzugeben, war für mich nicht ersichtlich. Für die kumulierten Werte (Tabellenblatt Cumulative Values) können Sie über das Feld Geschäftsjahr für jeden Bewertungsbereich (Depreciation Area) eine eigene Zeile eingeben, die dann entsprechend übertragen wird.

Als Auszug aus der Feldliste sehen Sie in Abbildung 3.39 die zur Verfügung stehenden Datenfelder.

Cumulative Values					
		Buchungskreis	obligatorisch für Blatt	Text	80
	Key	Main Asset Number	obligatorisch für Blatt	Text	12
		Depreciation Area	obligatorisch für Blatt	Text	80
		Geschäftsjahr	obligatorisch für Blatt	Zahl	4
	Cumulative Values	Cumulated Acquisition Value		Zahl	23
		Cum. revaluation on the replacem.		Zahl	23
		Cumulative investment grants		Zahl	23
		Accumulated Ordinary Depreciation		Zahl	23
		Cumulative Special Depreciation		Zahl	23
		Cumulative Unplanned Depreciation		Zahl	23
		Cumulative Transfer of Reserves		Zahl	23
		Cumulative interest		Zahl	23
		Cumulative revaluation of ordinary		Zahl	23
		Cumulative down payments		Zahl	23
		Currency Key		Text	80

Abbildung 3.39: Anlage der kumulierten Werte

Gleiches gilt für die gebuchten Werte im Tabellenblatt POSTED VALUES (Abbildung 3.40) zum Feld Geschäftsjahr (CURRENT FISCAL YEAR).

Posted Values					
	Key	Company Code	obligatorisch für Blatt	Text	80
		Main Asset Number	obligatorisch für Blatt	Text	12
		Depreciation Area	obligatorisch für Blatt	Text	80
		Current Fiscal Year	obligatorisch für Blatt	Zahl	4
	Posted Values	Posted Revaluation of Replacement		Zahl	23
		Posted Ordinary Deprec. for the Year		Zahl	23
		Posted Special Depreciation for the		Zahl	23
		Posted Unplanned Deprec. for the		Zahl	23
		Posted Transfer of Reserves for the		Zahl	23
		Posted Interest for the Year		Zahl	23
		Posted Revaluation of Acc. Ord.		Zahl	23
		Currency Key		Text	80
		Depr. posted until (including period)		Zahl	3

Abbildung 3.40: Anlage von Posted Values

Insgesamt werden durch das Migrationsobjekt folgende Daten unterstützt (in Klammern ist jeweils der Tabellenblattname des Templates aufgeführt):

- Stammdaten Details (Master Details)
- Bestand (Inventory)
- Buchungsinformationen (Posting Information)
- Zeitabhängige Daten (Time dependent Data)
- Zuordnungen (Allocations)
- Herkunft (Origin)
- Kontierung für Investitionen (Acct. Assignmt. for Investment)
- Vermögensbewertung (Net worth valuation)
- Grundstücke und ähnliche Werte (Real Estate and Similar Rights)
- Leasing (Leasing)
- Bewertungsbereiche (Depreciation Areas)
- Investitionsförderungsschlüssel (Investment Support Key)
- Kumulierte Werte (Cumulative Values)
- Gebuchte Werte (Posted Values)
- Bewegungen (Transactions (Transf. dur. FY))
- Anteilswerte an Bewegungen (Proport. Values on Transact.)
- Länderspezifisch (Country-Specific)
- Länderspezifisch – Zeitabhängig (Country-Specific – Time-dependent)

Zu den weiteren Anforderungen, insbesondere den notwendigen Customizing-Einstellungen wie der Festlegung eines Gegenkontos für die Altdatenübernahme (Bestandskonto), verweise ich auf die ausführliche Dokumentation zum Migrationsobjekt, die Sie, wie in Abbildung 3.4 (❸) beschrieben, zu jedem Migrationsobjekt aufrufen können.

Da es sich bei diesem Migrationsobjekt um eine Altdatenübernahme handelt, sollten Sie darauf achten, dass die übernommenen Daten mit denen in Ihrem Altsystem übereinstimmen. Entsprechend sollten Sie nach erfolgreicher Migration einen Abgleich des Anlagevermögens durchführen. Weitere Informationen hierzu liefert Ihnen der SAP-Hinweis 2304473.

Beim Hochladen der Migrationsvorlage bucht das SAP-System die Anlagenwerte direkt. Daher empfiehlt die SAP, dass sich nach einem erfolgreichen Test vor dem Hochladen der Datei in das Produktivsystem keine Daten mehr im Testsystem befinden sollten. Sofern Sie die hochgeladenen Anlagen im Nachhinein doch noch ändern müssen, lautet die Empfehlung, die Buchungsbelege zu stornieren und neu anzulegen. Für bereits angelegte Anlagenstammdaten sollte ein Deaktivierungsdatum festgesetzt sein, um sie für eingehende Buchungen zu sperren. Durch die interne Nummernvergabe werden daraufhin neue Anlagenstammsätze generiert.

3.7.4 Kundenauftrag

Neben der Übernahme einzelner Bewegungsdaten innerhalb der Anlagenbuchhaltung ist auch die Migration von Kundenaufträgen interessant. Hier hatte mich mein Mitautor von »Schnelleinstieg in das SAP Controlling (CO)«, Martin Munzel, darauf hingewiesen, dass diese in der LSMW aufgrund der Komplexität kaum machbar sei. Der Hinweis hat mich motiviert, mir auch dieses Migrationsobjekt näher anzuschauen. Vielen Dank an Martin für die Empfehlung, neben dem simplen Stammdatensatz für ein Profitcenter auch die Möglichkeiten zur Migration von Bewegungsdaten (vgl. Abschnitt 3.7) darzustellen.

Über das Migrationsobjekt »Kundenauftrag (ausschließlich offene KA)« legen Sie offene Kundenaufträge aus dem Modul Vertrieb (SD) an.

Offener Kundenauftrag im Modul Vertrieb (SD)

Hierbei handelt es sich um Aufträge an das Unternehmen zur Lieferung bzw. Erbringung von Dienstleistungen zu einem bestimmten Zeitpunkt. Die daraus resultierende Anfrage wird an einen Vertriebsbereich übermittelt, der dann für die Erfüllung des Vertrags verantwortlich ist. Innerhalb des SAP GUI (S/4HANA On-Premise) würden Sie einen derartigen Auftrag im SAP-Menü über LOGISTIK • VERTRIEB • VERKAUF • AUFTRAG • ANLEGEN (Transaktion *VA01*) anlegen.

Im Template zu diesem Migrationsobjekt finden Sie wiederum die zu füllenden Datenfelder. Insgesamt werden durch das Migrationsobjekt die in den Abbildung 3.41 bis Abbildung 3.43 dargestellten Daten unterstützt. Wie in anderen Templates sind auch hier einzelne Tabellenblätter als obligatorisch und andere als optional vorgegeben. Ich möchte im Folgenden nur kurz auf die obligatorischen Tabellenblätter eingehen.

Das Tabellenblatt HEADER (siehe Abbildung 3.41) umfasst die Kopfdaten des Kundenauftrags.

Blattname	Gruppenna	Feldbeschreibung	Wichtigkeit
Header (obligatorisch)			
	Main data	Legacy Sales Document	obligatorisch
		Sales Document Type	obligatorisch
		Sales Organization	obligatorisch
		Distribution Channel	obligatorisch
		Division	obligatorisch
		Customer purchase order number	
	Sales	Requested delivery date	obligatorisch
		Customer purchase order date	
		Billing block in SD document	
		Order reason	
	Billing Doc.	Incoterms Version	
		Incoterms (Part 1)	
		Incoterms Location 1	

Abbildung 3.41: Kopfdaten Kundenauftrag (Header)

Neben dem Verkaufsbeleg (Legacy Sales Document) und der Auftragsart (Sales Document Type) sind hier auch die Verkaufsorganisation (Sales Organization), der Vertriebsweg (Distribution Channel) und die Sparte (Division) in der Gruppe Main data anzugeben. In der Gruppe Sales ist nur das Wunschlieferdatum (Requested delivery date) verpflichtend.

Im Tabellenblatt Item (siehe Abbildung 3.42) werden die einzelnen Positionen zum Kundenauftrag erfasst.

Item (obligatorisch)			
	Main data	Legacy Sales Document	obligatorisch für Blatt
	Item	Sales Document Item	obligatorisch für Blatt
		Material Number	obligatorisch für Blatt
		Batch Number	
		Plant	
		Sales document item category	
	Billing Doc.	Incoterms Version	
		Incoterms (Part 1)	
		Incoterms Location 1	
		Incoterms (Part 2)	
		Incoterms Location 2	
		Terms of Payment Key	

Abbildung 3.42: Kundenauftrag Position (Item)

Über den Verkaufsbeleg (Legacy Sales Document) werden die einzelnen Verkaufsbelegpositionsnummern (Sales Document Item) zugeordnet.

Notwendige Materialnummer bei Kundenauftragsposition

Beachten Sie, dass hier je Position die Materialnummer (Material Number) mit angegeben werden muss. Dieses ist auch der Grund, warum Material, Kunde und Konditionssätze bzw. Verkaufspreiskalkulation als Voraussetzung für die Nutzung dieses Migrationsobjekts bereits gepflegt oder migriert sein müssen.

Die weiteren verpflichtenden Tabellenblätter des Kundenauftrags sind Partner und Einteilungsdaten (Schedule Line Data), wie in Abbildung 3.43 zu sehen ist.

Partner (obligatorisch)			
	Main data	Legacy Sales Document	obligatorisch für Blatt
	Item	Sales Document Item	
		Partner Function	obligatorisch für Blatt
		Customer Number	obligatorisch für Blatt

Schedule Line Data (obligatorisch)			
	Main data	Legacy Sales Document	obligatorisch für Blatt
	Item	Sales Document Item	obligatorisch für Blatt
		Delivery Schedule Line Number	obligatorisch für Blatt
		Order quantity in sales units	obligatorisch für Blatt
		Schedule line date/Delivery Date	

Abbildung 3.43: Kundenauftrag – Partner und Einteilungsdaten

Auftraggeber und Warenempfänger auf Kopfebene des Kundenauftrags müssen auf dem Partnerblatt mit *0000* im Feld Verkaufsbelegposition (Sales Document Item) angegeben werden. Die Gesamtzahl der bestellten Positionen wird auf Grundlage der Positionen in den Einteilungsdaten (Schedule Line Data) berechnet. Während der Migration können Sie zwischen interner und externer Nummernvergabe für den Einkaufsbeleg wählen. Die Positionsnummern werden eins zu eins aus den Daten in der Migrationsvorlage übertragen.

3.7.5 Pflege der Migrationsvorlagen

Tatsächlich werden die im Standardsystem zur Verfügung gestellten Migrationsobjekte und Funktionserweiterungen von der SAP immer wieder ergänzt. So kamen auch im S/4HANA-Release 1809 wieder weitere Migrationsobjekte wie z. B. »Sachkontenstammdaten« hinzu. Es lohnt sich also, für das eigene Migrationsprojekt zunächst einen Blick in die Liste der vorhandenen Migrationsobjekte zu werfen. Für die On-Premise-Version von S/4HANA bietet der Migrationsobjekt-

Modellierer die Möglichkeit, eigene Definitionen für Migrationsobjekte anzulegen. Darauf komme ich im Kapitel 4 näher zu sprechen.

3.8 Resümee zum Migrationscockpit

Insbesondere durch die zusätzlichen Funktionen der Simulation, Werthilfe und (Daten-)Kontrolle beim Upload des Templates, welches Sie als Vorlage zum Eintragen der zu migrierenden Daten verwenden, sowie aufgrund klar definierter Regeln für die Zuordnung von Werten für einzelne Felder unterscheidet sich die LTMC wesentlich von den im Kapitel 2 vorgestellten bisherigen Techniken zum Einspielen von Daten im Rahmen einer Migration. Ferner sind Templates einfacher zu pflegen als CSV-Dateien, und es kann gewährleistet werden, dass die Daten vollständig sind. Insbesondere durch die Formatvorgaben innerhalb der Templates können Sie Datumswerte wesentlich sicherer eintragen, und auch bei anderen Feldern haben Sie weniger Sorgen bezüglich der Richtigkeit der eingegebenen Daten. Sofern die seitens der SAP zur Verfügung gestellten Migrationsobjekte weiterhin ausgebaut werden, erübrigt sich das Aufzeichnen einer Transaktion, und es kann tatsächlich gut mit den vorgegebenen Objekten gearbeitet werden – gerade für die regelmäßig geforderte Anlage von Stammdaten ist dies eine echte Arbeitserleichterung.

Darüber hinaus sind die einmal definierten Regeln der Zuordnung für weitere Datenimporte, z. B. aus einem vorgelagerten System, hilfreich Dies können sowohl ein Forschungsinformationssystem, eine Kundenverwaltung als auch andere im Abschnitt 1.2 erwähnte Szenarien sein.

Für die Gestaltung Ihrer internen Geschäftsprozesse erachte ich es zudem als nützlich, dass dem Sachbearbeiter Stammdaten wie das Profitcenter oder Daten Ihrer Geschäftspartner künftig nicht mehr per E-Mail, sondern über ein ausgefülltes Template im jeweiligen Modul übermittelt werden. Beim Empfänger kann die erhaltene Vorlage im Migrationscockpit hochgeladen und im Rahmen der Simulation auf Fehler überprüft werden. Insbesondere wenn Sie regelmäßig eine Vielzahl von Daten anzulegen haben, stellt diese Vorgehensweise für alle Beteiligten eine Arbeitserleichterung dar.

4 SAP S/4HANA Migrationsobjekt-Modellierer

Im vorangegangenen Kapitel habe ich Ihnen die Arbeit mit dem Migrationscockpit unter S/4HANA vorgestellt, über das für bestehende Migrationsobjekte Daten mittels Template hochgeladen und eingespielt werden können. Mithilfe des Migrationsobjekt-Modellierers können Sie sowohl den Aufbau eines Templates anpassen als auch fehlende Zuordnungen einzelner Felder innerhalb der Migrationsobjekte ergänzen. Nachfolgend möchte ich beide Funktionen an einem einfachen Beispiel genauer vorstellen.

Gerade wenn regelmäßig Daten über LTMC eingespielt werden sollen, kann es sinnvoll sein, dass nicht benötigte Felder im Template nicht dargestellt oder noch nicht im Template vorhandene Felder zu einzelnen Migrationsobjekten ergänzt werden. Beide Anforderungen werde ich im folgenden Beispiel anhand der Pflege der Stammdaten einer Kostenstelle erläutern.

Die Pflege einer Kostenstelle in der Fiori-Oberfläche erfolgt über die Gruppe »Stammdaten« mit der App *Kostenstellen verwalten (neu)*. Über diese App können Sie Kostenstellen suchen ❶ (filtern) und danach anlegen, ansehen und bearbeiten ❷ (siehe Abbildung 4.1).

Daneben kann die Pflege von Stammdaten aber auch weiterhin in der SAP GUI über klassische Transaktionscodes vorgenommen werden. Da hier die Stammdaten etwas übersichtlicher dargestellt sind, werde ich für unser Beispiel die Stammdaten im Objekt KOSTENSTELLE – Register GRUNDDATEN in der Transaktion *KS02* (siehe Abbildung 4.2) betrachten. Eine besondere Bedeutung kommt gleich dem Feld GESCHÄFTSBEREICH zu, welches in den Grunddaten der Kostenstelle gepflegt werden kann (siehe Markierung in Abbildung 4.2 bzw. das zweite Feld zur Organisationseinheit in der Fiori-App in Abbildung 4.1).

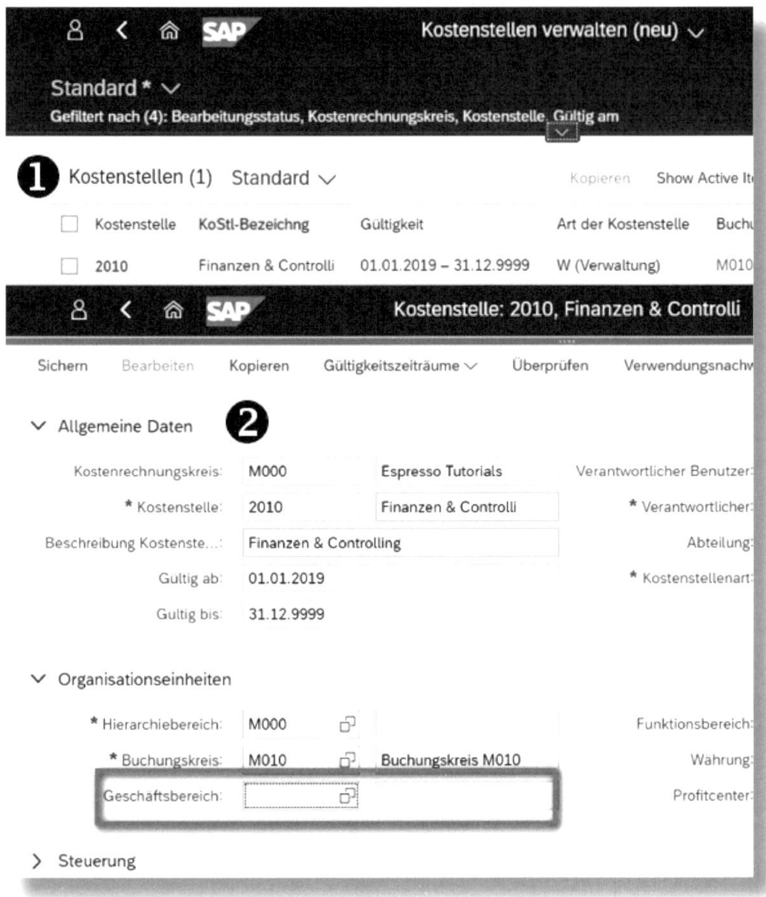

Abbildung 4.1: Kostenstellen verwalten unter Fiori

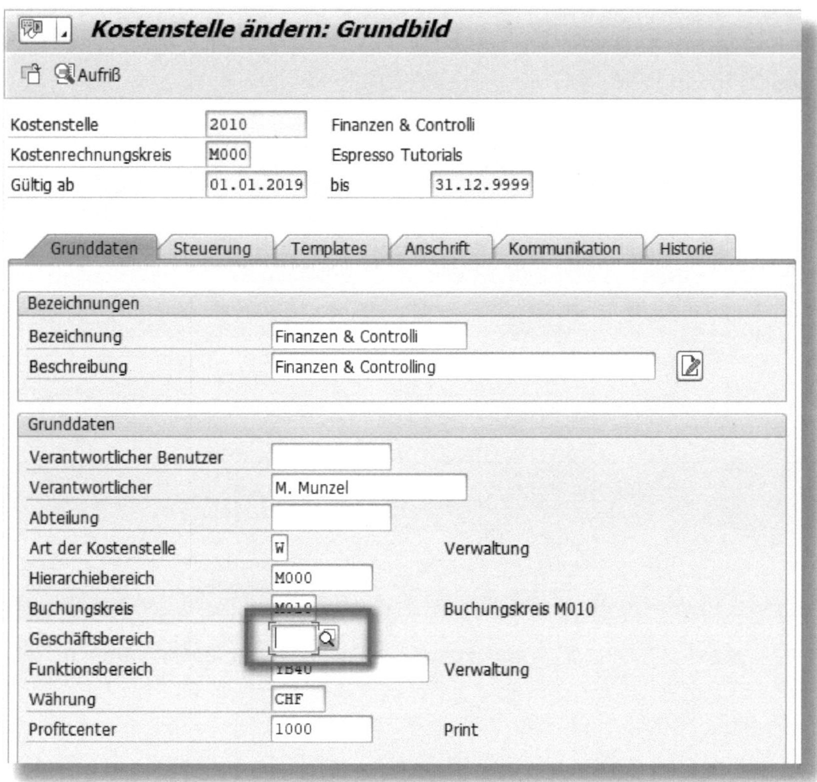

Abbildung 4.2: Kostenstelle ändern in KS02

Nun möchten wir aber nicht nur einige Kostenstellen in der Transaktion anlegen, sondern hierfür auch das Migrationscockpit nutzen. Daher haben wir uns das Template zum Migrationsobjekt »Kostenstelle«, wie in Abschnitt 3.3 beschrieben, heruntergeladen, um dort unsere Stammdaten einzutragen. Zudem planen wir, nicht nur eine einzelne, sondern eine Vielzahl von Kostenstellen anzulegen, was auch außerhalb einer Stammdatenmigration beispielsweise bei der Anlage mehrerer Kostenstellen im Tagesgeschäft interessant sein kann.

Das Template zum Migrationsobjekt Kostenstelle umfasst in der zugehörigen *Feldliste* (siehe Abbildung 4.3) dieselben Felder wie in der Transaktion bzw. der Fiori-App zur Kostenstelle.

Feldliste für Migrationsobjekt: Kostenstelle

Version S4CORE 103 - 16.04.2019 © Copyright SAP SE. All rights reserved.

Blattname	Gruppenname	Feldbeschreibung	Wichtigkeit	Typ	Länge
Cost center master record (obligatorisch)					
		Kostenrechnungskreis	obligatorisch für Blatt	Text	80
		Kostenstelle	obligatorisch für Blatt	Text	80
	Main data	Valid-from date	obligatorisch für Blatt	Datum	
		Valid-to date	obligatorisch für Blatt	Datum	
	Basic data	Language in which texts are saved		Text	80
		Cost center name	obligatorisch für Blatt	Text	20
		Description		Text	40
		User responsible		Text	80
		Person responsible	obligatorisch für Blatt	Text	20
		Department		Text	12
		Cost center category	obligatorisch für Blatt	Text	80
		Hierarchy area	obligatorisch für Blatt	Text	12
		Company code	obligatorisch für Blatt	Text	80
		Functional area		Text	16
		Währung	obligatorisch für Blatt	Text	80

Abbildung 4.3: Feldliste für das Migrationsobjekt »Kostenstelle«

Und auch innerhalb der Gruppe (Tabellenblatt) Basic data dieses Templates sind die Stammdatenfelder der Kostenstelle zu finden und können von Ihnen gefüllt werden. Allerdings fehlt hier in der Feldliste – und damit im gesamten Template – das Feld Geschäftsbereich.

Exkurs: Geschäftsbereich im CO-Objekt

Die Verwendung des Feldes Geschäftsbereich ist im Artikel »Grundlagen Finanzbuchhaltung – Geschäftsbereiche als mögliche Lösung zur Abbildung eines Betriebes gewerblicher Art (BgA)« auf *10319* und *https://www.andreas-unkelbach.de/blog/?go=show&id=880* beschrieben. Sie soll hier aber nur als Beispiel für ein noch nicht im LTMC vorhandenes Feld dienen.

Neben der Ergänzung fehlender Felder im Template kann es für Sie zudem wünschenswert sein, dass bestimmte Felder im Template gar nicht erscheinen, sodass sie bei der Pflege der Daten übersprungen werden können.

Ein Blick auf Abbildung 4.4 zeigt das Register Anschrift der Kostenstelle.

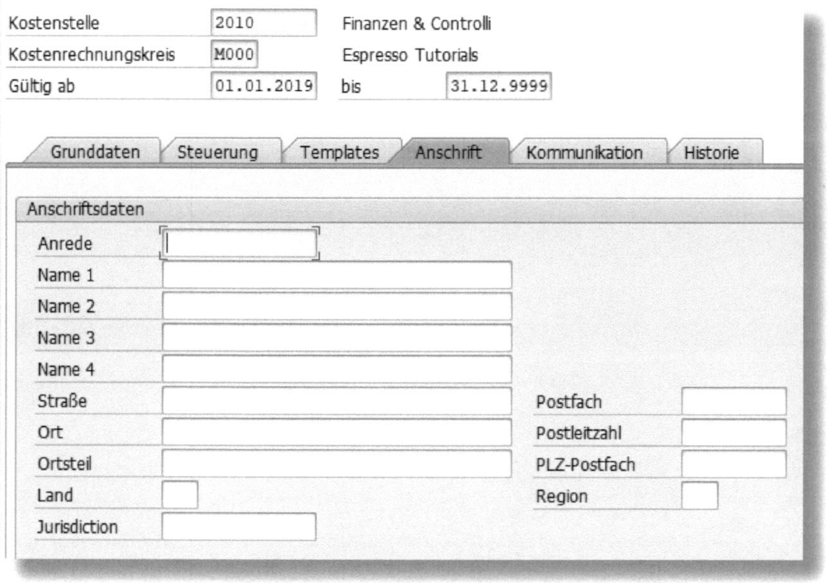

Abbildung 4.4: Kostenstelle – Reiter »Anschrift«

Möglicherweise sind die Felder Name 2 bis Name 4 für Sie nicht weiter relevant, und Sie möchten diese nicht auch noch in der Pflege des Templates bearbeiten müssen. Daher kann es interessant sein, ebendiese auszublenden.

Wie sich das fehlende Geschäftsbereichsfeld ergänzen bzw. die überflüssigen Namensfelder ausblenden lassen, zeige ich Ihnen im Rahmen der möglichen Anpassungen von Migrationsobjekten im folgenden Abschnitt.

4.1 Exkurs: Technische Eigenschaften von SAP-Feldern

Damit Sie Felder wie das fehlende Geschäftsbereichsfeld ergänzen können, benötigen Sie dessen technische Eigenschaften. Daher gehe ich im Folgenden kurz auf dieses Thema ein. Die Eigenschaften eines Feldes können Sie über die technischen Informationen zum Feld einsehen. Wie Abbildung 4.5 zeigt, rufen Sie diese Information in der Transaktion *KS02* der Stammdatenpflege zur Kostenstelle ➊ über die Taste [F1] und dort über die Schaltfläche ➋ auf. In dem sich öffnenden Pop-up sind u. a. der technische Feldname sowie die Tabelle in der Datenbank zum Feld ➌ zu sehen.

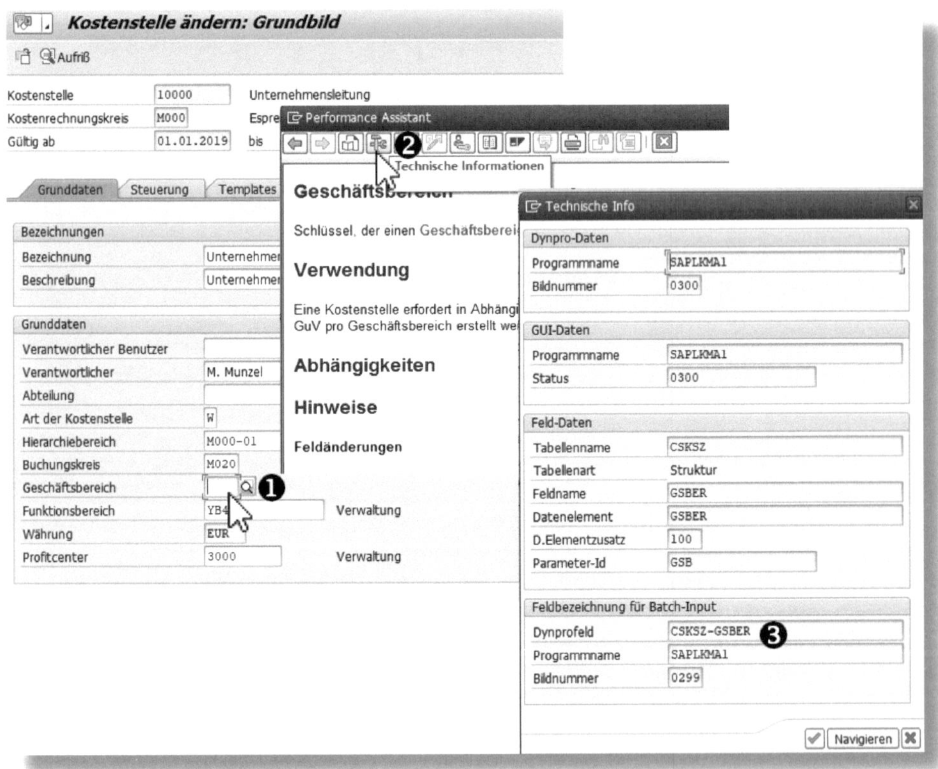

Abbildung 4.5: Technische Information zum Feld »Geschäftsbereich« (Transaktion KS02)

Per Doppelklick auf den Feldnamen, im Beispiel *GSBER*, erfolgt ein direkter Absprung in die Tabellenansicht (Transaktion *SE12*). Hier werden Ihnen die Eigenschaften des Feldes angezeigt, und Sie erhalten ausführlichere Informationen zu dessen Struktur (siehe Abbildung 4.6).

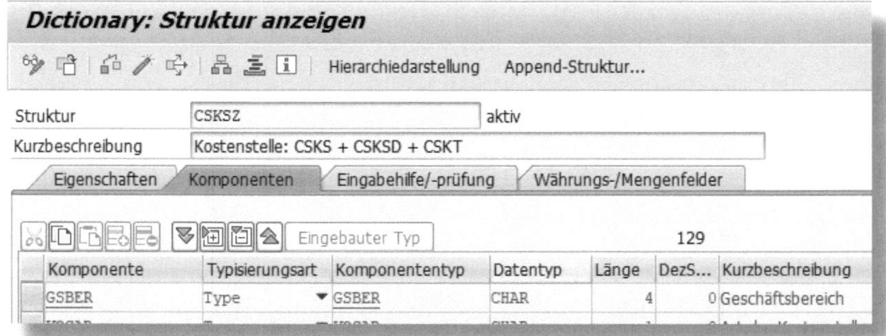

Abbildung 4.6: Struktur der Tabelle CSKSZ

Wichtig werden im Folgenden der Datentyp *CHAR*, die Länge *4* sowie die Dezimalstelle *0* sein.

Grundsätzlich gibt es zum Feld Geschäftsbereich im Register Eingabehilfe/-prüfung auch noch eine Prüftabelle (TGSB) sowie eine Suchhilfe H_TGSB, auf die ich im Beispiel zur Pflege der Quellstruktur jedoch nicht weiter eingehen werde.

Aufbau von Datenbankfeldern

Sofern Sie sich intensiver mit dem Aufbau von Datenbankfeldern hinter einzelnen Feldern beschäftigen wollen, ist einerseits das bei Espresso Tutorials erschienene Buch »Reporting im SAP-Finanzwesen: Standardberichte, SAP QuickViewer und SAP Query« von Katrin Klewinghaus und Martin Peto und andererseits mein Artikel »Grundlagen Kurzeinführung und Handbuch SAP Query« auf *10320* oder unter *https://www.andreas-unkelbach.de/blog/?go=show&id=575* einen Blick wert.

4.2 Anpassung Migrationsobjekt

Über die Transaktion *LTMOM* können die innerhalb eines im Migrationscockpit angelegten Migrationsobjekte angepasst werden. Während die Transaktion *LTMC* sowohl in der Cloud- als auch in der On-Premise-Version von SAP S/4HANA angeboten wird, ist der Migrationsobjekt-Modellierer *LTMOM* nur in der On-Premise-Version aufrufbar. In der Cloud werden die Migrationsobjekte zentral von der SAP zur Verfügung gestellt und gepflegt.

SAP-GUI-Umgebung für LTMOM

Die Transaktion starten Sie innerhalb der SAP GUI und nicht über eine Fiori-App. Auch das Programm selbst läuft weiterhin nur in der GUI und nicht in der Fiori-Oberfläche. Eine Erklärung für das Fehlen des LTMOM innerhalb der Cloud-Version ist, dass hier in wesentlich kürzeren Zyklen Neuerungen direkt durch die SAP an alle Cloud-Kunden ausgerollt werden, um so auf Anforderungen und Veränderungen seitens der Kunden einzugehen, während die On-Premise-Version deutlich mehr Customizing in Richtung der lokalen Bedürfnisse ermöglicht. Auch unter diesem Gesichtspunkt sind Vorabüberlegungen zu den Bedürfnissen anzustellen, die Sie als Unternehmen haben, und inwieweit diese von der Plattform unterstützt werden. Hierzu habe ich im folgenden Hinweiskasten »On-Premise und Private Cloud« die Alternativen zur Cloud-Version von SAP dargestellt.

Nachdem Sie die Transaktion *LTMOM* gestartet haben, gelangen Sie erst einmal in den Objektbrowser (siehe Abbildung 4.7).

Vom Objektbrowser aus können Sie die Migrationsobjekte anpassen, die im Migrationscockpit verwendet werden.

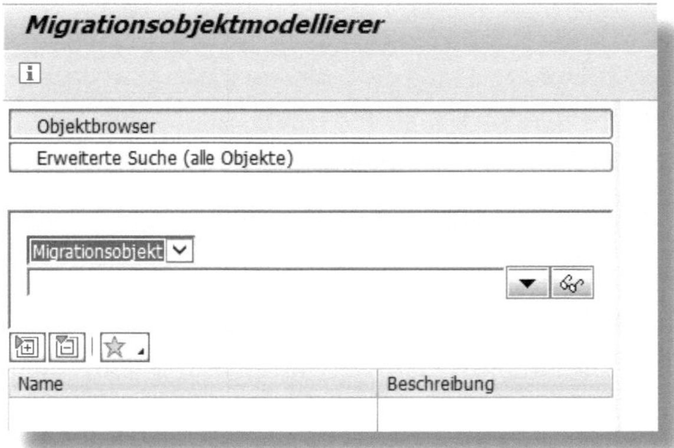

Abbildung 4.7: Startseite der Transaktion LTMOM

On-Premise und Private Cloud

Neben der Nutzung des Migrationsobjekt-Modellierers in der Betriebsform On-Premise, die auf eigenen Servern beim Kunden läuft, können Sie auf das Tool auch in der Private Cloud zugreifen. In der *SAP S/4HANA private managed cloud* werden der Server und die Hardware von der SAP betrieben, sodass Sie sich darum nicht mehr kümmern müssen. Generell kann eine Private Cloud aber auch von einem anderen SAP-Partner betrieben werden.

Auf dem SAP-S/4HANA-Blog von Innovabee sind unter *10321* oder *https://innovabee.de/on-premise-aus-der-cloud-oder-doch-hybrid-die-bereitstellungsoptionen-von-sap-s-4hana-im-ueberblick/* die verschiedenen Bereitstellungsoptionen von SAP S/4HANA ausführlicher beschrieben. Bei der Abwägung zwischen den einzelnen Betriebsmodellen bietet On-Premise den Vorteil, dass Sie eigenständig Modifikationen und Eigenentwicklungen vornehmen können, sich allerdings in diesem Fall selbst um Wartung und Systembetreuung kümmern müssen. Die Cloud-Lösung ist dagegen ein »Rundum-sorglos-Paket«, in dem alle Prozesse standardisiert und

Abweichungen davon nur in eingeschränktem Umfang möglich sind. Ab 2020 wurde von der SAP die begriffliche Unterscheidung zwischen Public und Private Cloud durch den Oberbegriff *SAP S/4HANA Cloud* ersetzt. Er wird nun generell gegenüber Kunden der SAP verwendet und erst im Rahmen einer Projekteinführung (Discovery Assessment Service) erfolgt die Festlegung, welche Form der Cloud für den Kunden passend ist. Im Hintergrund stehen hier die neuen *S/4HANA Cloud Essentials* (ehemals Public Cloud/SAP S/4HANA Cloud, Multi Tenant Edition (MTE)) oder die *S/4HANA Cloud Extendend* (ehemals Privat Cloud/SAP S/4HANA Cloud, Single Tenant Edition (STE)) zur Verfügung.

Nach dem Start der LTMOM können Sie gemäß Abbildung 4.8 im Menü über MIGRATIONSOBJEKTMODELLIERER (❶) ein neues MIGRATIONSOBJEKT ANLEGEN oder ein vorhandenes KOPIEREN.

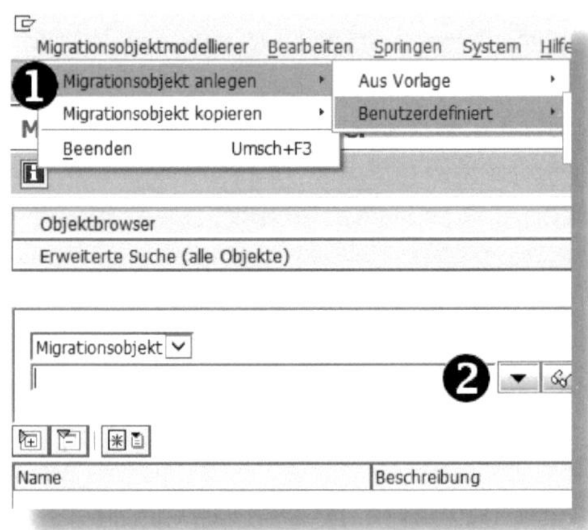

Abbildung 4.8: LTMOM – Migrationsobjekt anlegen/aufrufen

Alternativ können Sie auch bereits innerhalb Ihres Migrationsprojekts vorhandene Migrationsobjekte nutzen, die Sie mit der LTMC in Ihr Projekt kopiert haben, und diese bearbeiten. Hierzu greifen Sie über die Schaltfläche [▼] unter ❷ auf eine Suchmaske für die von Ihnen schon zuvor angelegten Migrationsobjekte zu (siehe Abbildung 4.9).

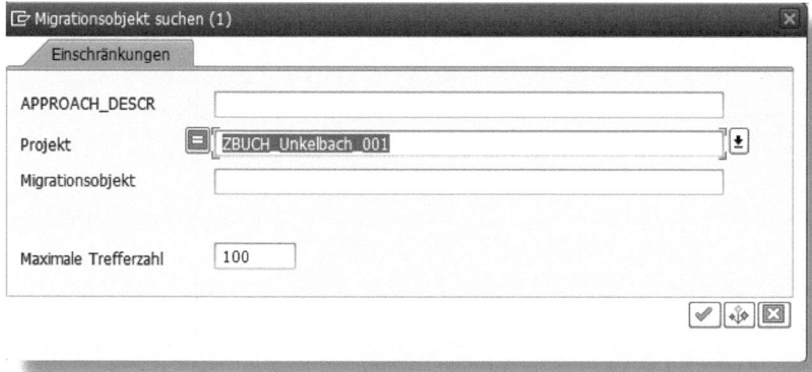

Abbildung 4.9: Migrationsobjekt suchen

Ihre Suche können Sie unter EINSCHRÄNKUNGEN eingrenzen. Mit dem Feld APPROACH_DESCR kann die Art des Datentransfers gewählt werden. Die dabei zu bestimmende Datenquelle wurde bei der Anlage eines Migrationsobjekts im Migrationscockpit festgelegt (siehe Abschnitt 3.1). Zur Auswahl stehen:

- Migrate Data Directly from SAP System,
- Migrate Data Using Files,
- Migrate Data Using Staging Tables.

Daneben besteht die Möglichkeit, über die entsprechenden Felder den Namen des PROJEKTS oder das MIGRATIONSOBJEKT direkt auszuwählen. Im Beispiel beschränkt sich die Suche auf das Projekt *ZBUCH_Unkelbach_001*. Danach erhalten Sie eine Übersicht über die auf Basis der Selektion gefundenen Migrationsobjekte (siehe Abbildung 4.10). Für unser Beispiel ist das Objekt *Kostenstelle* relevant, das wir im Migrationscockpit bereits in unser Migrationsprojekt übertragen haben und das wir im Weiteren bearbeiten werden.

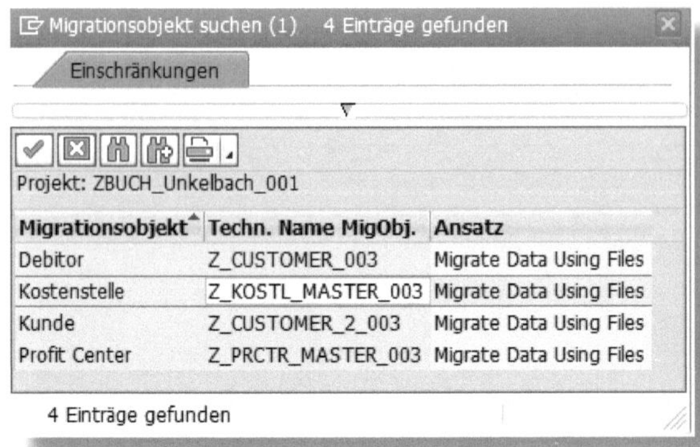

Abbildung 4.10: Migrationsobjekte zum Projekt ZBUCH_Unkelbach_001

Per Doppelklick kann dieses Objekt geöffnet werden, woraufhin auf der linken Seite der Transaktion eine Auswahl an Funktionen, über die die einzelnen Elemente bearbeitet werden können, und rechts das Migrationsobjekt in der Anzeigefunktion erscheinen (siehe Abbildung 4.11).

Abbildung 4.11: Migrationsobjekt »Kostenstelle« anzeigen

Wie auch in anderen Anwendungen der SAP üblich, ist es nun zum Bearbeiten erforderlich, über die Schaltfläche von Anzeigen auf

ÄNDERN zu wechseln. In den folgenden Abschnitten möchte ich auf die in Abbildung 4.12 markierten Punkte ❶ bis ❹ eingehen und im Zuge dessen konkret auf die angekündigten Beispiele »auszublendende Felder« (NAME 2 bis NAME 4) bzw. »zu ergänzendes Feld« (Geschäftsbereich) Bezug nehmen.

Z_KOSTL_MASTER_003 | Kostenstelle
- Globale Daten
- ❶ Quellstrukturen
- ❷ Zielstrukturen
- ❸ Struktur-Mapping
- ❹ Feld-Mapping
- Festwerte
- Regeln
- Umschlüsselungsobjekte
- Variablen

Abbildung 4.12: Z_KOSTL_MASTER_003

Anhand der Migration der Stammdaten einer Kostenstelle sollen die wesentlichen Funktionen des Migrationsobjekt-Modellierers erläutert werden.

Gedankenspiel: Transaktion LTMOM in der SAP GUI statt als Fiori-App

Im Gespräch mit unserer SAP-Basis hatten wir gemeinsam überlegt, warum die Transaktion *LTMOM* nicht wie die *LTMC* eine Webanwendung (Fiori-App) startet. Sofern dieser Transaktion nicht im Laufe eines späteren Releases noch eine entsprechende Weboberfläche zugeordnet wird, könnte eine Begründung sein, dass Aktivitäten des Customizings und der Administration weiterhin in der GUI durchgeführt werden sollen, da die Fiori-Oberfläche vornehmlich für die tägliche Arbeit mit SAP HANA gedacht ist. Allerdings ist dieses nur eine Vermutung; eine entsprechende Aussage dazu ist mir vonseiten der SAP nicht bekannt.

4.2.1 Quellstrukturen

Mittels der *Quellstrukturen* werden die einzuspielenden Daten festgelegt. Praktisch bedeutet das, dass Sie darüber den Aufbau des zu übertragenden Templates festlegen. In Abbildung 4.13 sehen Sie auszugsweise die Quellstruktur für unser Beispielmigrationsobjekt »Kostenstelle«.

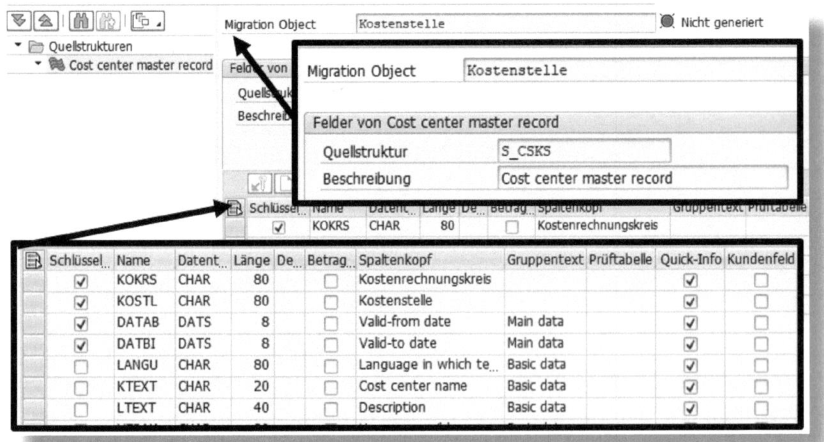

Schlüssel	Name	Datent...	Länge	De...	Betrag...	Spaltenkopf	Gruppentext	Prüftabelle	Quick-Info	Kundenfeld
☑	KOKRS	CHAR	80		☐	Kostenrechnungskreis			☑	☐
☑	KOSTL	CHAR	80		☐	Kostenstelle			☑	☐
☑	DATAB	DATS	8		☐	Valid-from date	Main data		☑	☐
☑	DATBI	DATS	8		☐	Valid-to date	Main data		☑	☐
☐	LANGU	CHAR	80		☐	Language in which te...	Basic data		☑	☐
☐	KTEXT	CHAR	20		☐	Cost center name	Basic data		☑	☐
☐	LTEXT	CHAR	40		☐	Description	Basic data		☑	☐

Abbildung 4.13: Quellstruktur S_CSKS für Migrationsobjekt »Kostenstelle«

Grundsätzlich lassen sich die Felder des Objekts in eine Baumstruktur gliedern.

Die einzelnen Knoten der Quellstruktur entsprechen den Tabellenblättern eines Templates innerhalb der LTMC. Sie erinnern sich vielleicht noch an die Tabellenblätter zum Aufbau der Vorlagedatei im Abschnitt 3.3.1. Die einzelnen Tabellenblätter stellen oftmals thematisch zusammenhängende Abschnitte der zu migrierenden Daten dar, teilweise unterschieden in obligatorisch ❸ und optional ❹ zu pflegende Daten, die auch am Beispiel der Datenmigrationsvorlage für Debitor und Profitcenter in Abbildung 3.10 vorgestellt worden sind. Die Baumstruktur spiegelt voneinander abhängige Datenstrukturen wider. Deutlich wird dieses beim Migrationsobjekt »Kunde«.

Für die Kostenstelle ist nur eine Ebene der Baumstruktur aufgeführt (QUELLSTRUKTUR *S_CSKS* mit der BESCHREIBUNG *Cost center master record*), während in umfangreicheren Migrationsobjekten durchaus mehr Ebenen existieren können. In Abbildung 3.13 ist Ihnen schon eine Quellstruktur für das Profitcenter begegnet: Quellstruktur *S_CEPC* mit Blattname/Beschreibung *Profit center master record*.

Die einzelnen Gliederungsebenen werden unter QUELLSTRUKTUREN auf der linken Seite angezeigt. Je nach ausgewählter Ebene werden im rechten Fenster die ihr zugeordneten Felder aufgeführt. Als Beispiel für ein etwas komplexeres Migrationsobjekt ist in Abbildung 4.14 für *Kunde* der Baumabschnitt »General Texts« (Quellstruktur *S_KNA1_TEXT*) dargestellt. Hier sehen Sie auch, dass die Quellstruktur SALES PARTNER der Quellstruktur SALES DATA untergeordnet ist.

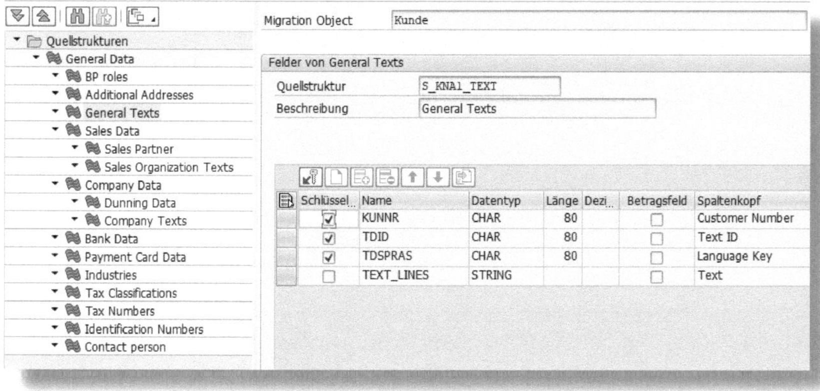

Abbildung 4.14: Migrationsobjekt »Kunde« – General Texts

Wenden wir uns an dieser Stelle wieder unserem Beispiel des Migrationsobjekts »Kostenstellen« zu, bei dem wir einzelne Felder ausblenden und ein weiteres Feld zum Migrationsobjekt hinzufügen wollen.

Felder ausblenden

Neben der dargestellten Quellstruktur mit den einzelnen Feldern gibt es innerhalb der Baumstruktur die Möglichkeit, sich über die Schaltfläche die VIEW ANZEIGEN zu lassen (siehe Abbildung 4.15).

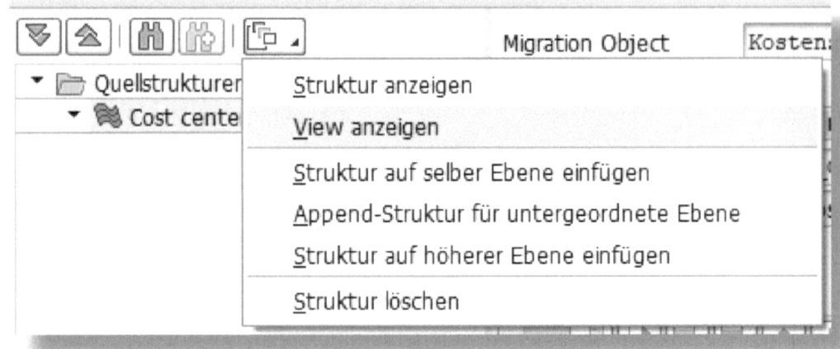

Abbildung 4.15: Quellstruktur – View anzeigen

Alternativ können Sie per rechter Maustaste auf eine Quellstrukturebene in die Funktion Sicht anzeigen wechseln.

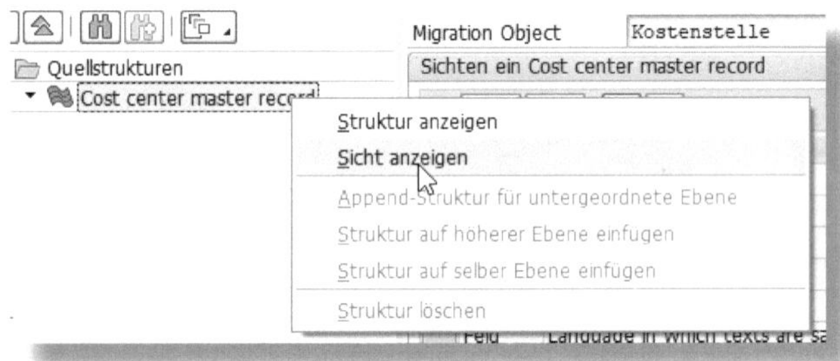

Abbildung 4.16: Quellstruktur – Sicht anzeigen

Nach Aufruf der Sicht (oder View) können Sie für jedes einzelne Feld festlegen, wie damit im Migrationscockpit verfahren werden soll.

Über die Schaltfläche wechseln Sie wieder von der reinen Anzeige auf die Änderungsebene. Hier kann für jedes Feld aus den folgenden Optionen gewählt werden:

- Erforderlich
- Sichtbar
- Nicht sichtbar

Für unser Beispiel sind in Abbildung 4.17 u. a. die Kostenstelle und der Gültigkeitszeitraum als *Erforderlich* hervorgehoben.

Sichten ein Cost center master record

Typ	Name	Cloud - Enterprise Management	On-Premise - Enterprise Mgmt
Struktur	Cost center master record	Erforderlich	Erforderlich
Feld	Kostenrechnungskreis	Nicht sichtbar	Erforderlich
Feld	Kostenstelle	Erforderlich	Erforderlich
Feld	Valid-from date	Erforderlich	Erforderlich
Feld	Valid-to date	Erforderlich	Erforderlich
Feld	Language in which texts are saved	Sichtbar	Sichtbar

Abbildung 4.17: Erforderliche Felder für Kostenstelle

Als Beispiel für nicht sichtbare Felder hatte ich zu Beginn von Kapitel 4 die Felder Name 2–4 in der Anschrift zur Kostenstelle angesprochen. In der Stammdatenpflege für die Kostenstelle sind die Felder Name 1 bis Name 4 vorhanden (siehe Abbildung 4.4), von denen künftig aber nur noch das Feld Name 1 gepflegt werden soll.

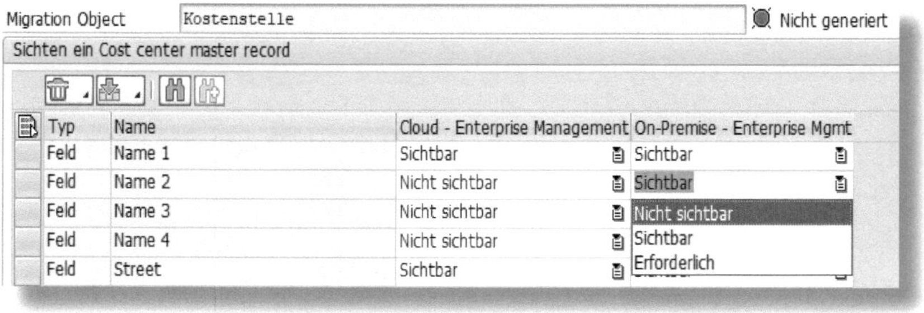

Migration Object Kostenstelle Nicht generiert

Sichten ein Cost center master record

Typ	Name	Cloud - Enterprise Management	On-Premise - Enterprise Mgmt
Feld	Name 1	Sichtbar	Sichtbar
Feld	Name 2	Nicht sichtbar	Sichtbar
Feld	Name 3	Nicht sichtbar	Nicht sichtbar
Feld	Name 4	Nicht sichtbar	Sichtbar
Feld	Street	Sichtbar	Erforderlich

Abbildung 4.18: Nicht sichtbare Felder für Kostenstelle

Entsprechend werden die Felder Name 2 bis Name 4 im Migrationsobjekt zur Kostenstelle auf *Nicht sichtbar* umgestellt. Nachdem diese Änderung über die Schaltfläche gespeichert wurde, kann der Unterschied im heruntergeladenen Template (siehe Abschnitt 3.3) direkt betrachtet werden.

In Abbildung 4.19 sehen Sie die Quelldaten vor der Umstellung: Alle Namensfelder inklusive Beschreibung sind hinterlegt.

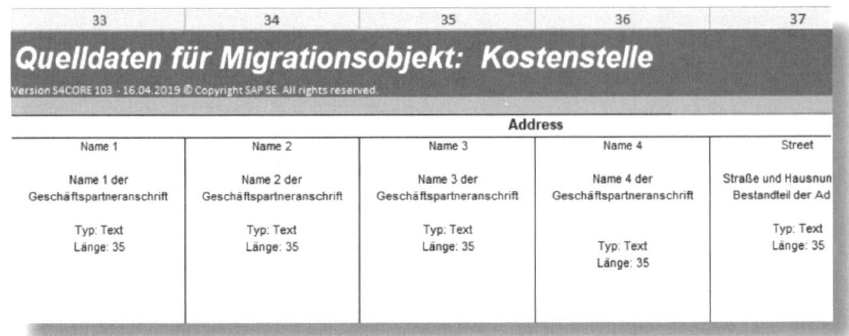

33	34	35	36	37
Quelldaten für Migrationsobjekt: Kostenstelle				
Version S4CORE 103 - 16.04.2019 © Copyright SAP SE. All rights reserved.				
		Address		
Name 1 Name 1 der Geschäftspartneranschrift Typ: Text Länge: 35	Name 2 Name 2 der Geschäftspartneranschrift Typ: Text Länge: 35	Name 3 Name 3 der Geschäftspartneranschrift Typ: Text Länge: 35	Name 4 Name 4 der Geschäftspartneranschrift Typ: Text Länge: 35	Street Straße und Hausnun Bestandteil der Ad Typ: Text Länge: 35

Abbildung 4.19: Template Kostenstelle – Name 1 bis Name 4

Abbildung 4.20 zeigt das Ergebnis in der Feldliste, nachdem die Felder als »Nicht sichtbar« markiert worden sind und das Template erneut heruntergeladen wurde.

	1	2	3	4	5	6	7	8
1	**Feldliste für Migrationsobjekt: Kostenstelle**							
2	Version S4CORE 103 - 15.05.2019 © Copyright SAP SE. All rights reserved.							
3								
4		Blattname	Gruppenname	Feldbeschreibung	Wichtigkeit	Typ	Länge	Dezimalstel
37			Address	Title		Text	15	
38				Name 1		Text	35	
39				Street		Text	35	
40				Postal code		Text	10	

Abbildung 4.20: Feldliste für Kostenstelle – Name 1

Nun ist in der Gruppe Address nur noch das Feld Name 1 aufgeführt, es kann im Template entsprechend gepflegt werden.

Keine notwendigen Daten ausblenden

Zu beachten ist allerdings, dass an dieser Stelle keine Felder deaktiviert werden sollten, die bei der Anlage von Stammdaten dringend erforderlich sind, wie etwa die Angabe der Abteilung, die Bezeichnung der Verantwortlichen bzw. andere Stammdatenfelder, die Sie für Ihr eigenes Berichtswesen benötigen.

Quellstruktur um eigene Felder ergänzen

Nach dem Ausblenden einzelner Felder kommen wir nun zur Pflege zusätzlicher Felder innerhalb der Stammdaten der Kostenstellen – für unseren Fall das Feld »Geschäftsbereich«.

Zur Erweiterung der in einem Migrationsobjekt zur Verfügung stehenden Felder wechseln wir im Migrationsobjekt-Modellierer auf die Quellstruktur des Migrationsobjekts »Kostenstelle« und fügen im Änderungsmodus über die Schaltfläche [Symbol] (in Abbildung 4.21 unter ❶) ein neues Feld hinzu.

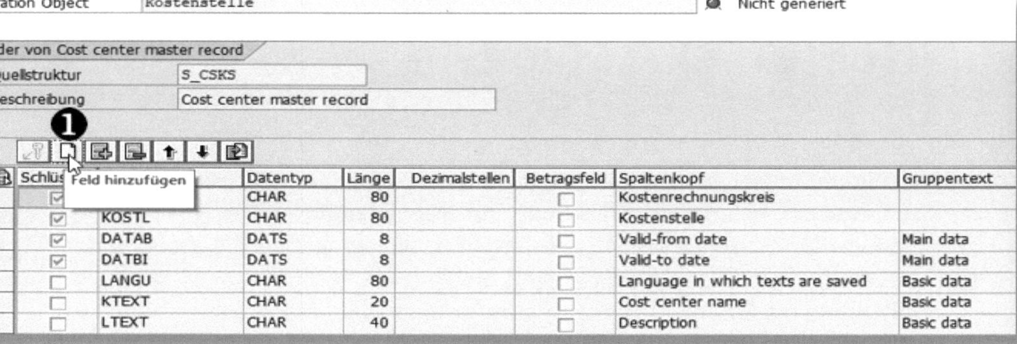

Abbildung 4.21: Neues Feld der Quellstruktur hinzufügen

Für das Ergänzen eines neuen Feldes sind, wie in Abbildung 4.22 zu sehen, folgende Angaben erforderlich:

❶ Name

❷ Datentyp

❸ Länge

❹ Spaltenkopf

❺ Gruppentext

Bei neu angelegten Feldern wird automatisch das Flag Kundenfeld ❻ gesetzt.

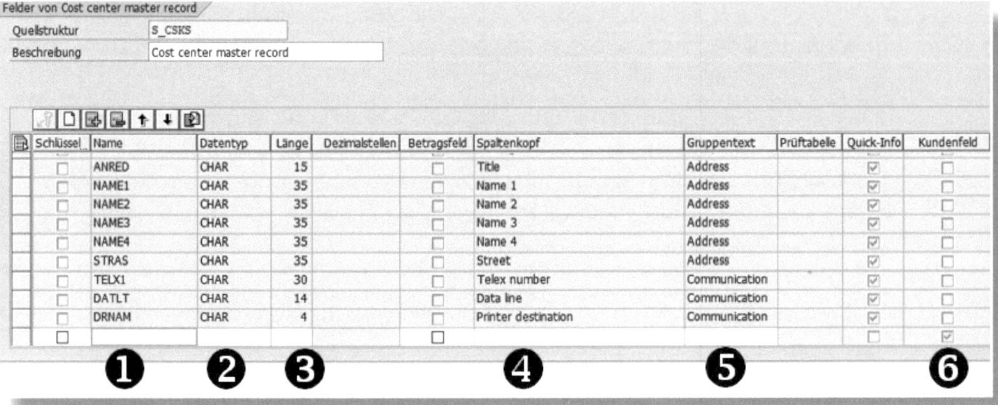
Felder von Cost center master record

Quellstruktur: S_CSKS

Beschreibung: Cost center master record

Schlüssel	Name	Datentyp	Länge	Dezimalstellen	Betragsfeld	Spaltenkopf	Gruppentext	Prüftabelle	Quick-Info	Kundenfeld
☐	ANRED	CHAR	15		☐	Title	Address		☑	☐
☐	NAME1	CHAR	35		☐	Name 1	Address		☑	☐
☐	NAME2	CHAR	35		☐	Name 2	Address		☑	☐
☐	NAME3	CHAR	35		☐	Name 3	Address		☑	☐
☐	NAME4	CHAR	35		☐	Name 4	Address		☑	☐
☐	STRAS	CHAR	35		☐	Street	Address		☑	☐
☐	TELX1	CHAR	30		☐	Telex number	Communication		☑	☐
☐	DATLT	CHAR	14		☐	Data line	Communication		☑	☐
☐	DRNAM	CHAR	4		☐	Printer destination	Communication		☑	☐
☐					☐				☐	☑
	❶	❷	❸			❹	❺			❻

Abbildung 4.22: Neues Kundenfeld

Als Namen wählen wir die technische Bezeichnung *GSBER*, als Datentyp *CHAR* für Character, die Länge *4*, als Spaltenkopf *Geschäftsbereich* (was später als Spaltenüberschrift im Template erscheinen wird) und als Gruppentext *Basic data*, sodass das Feld in der gleichen Gruppe wie »Profitcenter« oder »Abteilung« ausgewiesen wird. Im Ergebnis ist der Eintrag in Abbildung 4.23 zu sehen.

	❶	❷	❸			❹	❺			❻
Schlüssel	Name	Datentyp	Länge	Dezimalstellen	Betragsfeld	Spaltenkopf	Gruppentext	Prüftabelle	Quick-Info	Kundenfeld
☐	GSBR	CHAR	4		☐	Geschäftsbereich	Basic data		☐	☑

Abbildung 4.23: Eintrag GSBER in Quellstruktur »Kostenstelle«

Nun kann der Eintrag über die Schaltfläche [Sichern] gesichert werden, womit sich das Template erneut ändert.

Manchmal kann es sinnvoll sein, den neuen Eintrag zu markieren und über die Schaltflächen [↑] [↓] an die gewünschte Position zu verschieben, damit das Feld in der Nähe von inhaltlich verwandten Feldern gepflegt wird und nicht losgelöst am Ende steht. Unser *Geschäfts-*

bereich in den Basic data soll z. B. direkt hinter dem *Company Code* (Buchungskreis) platziert werden. Einen ähnlichen Aufbau besitzt auch die Stammdatenpflege der Kostenstellen, auf die ich am Anfang von Kapitel 4 eingegangen bin. In der Feldliste der Quellstruktur sieht das Ergebnis der Verschiebung wie in Abbildung 4.24 aus.

Felder von Cost center master record

Quellstruktur: S_CSKS
Beschreibung: Cost center master record

Schlüssel...	Name	Datentyp	Länge	Dezimalstell...	Betragsfeld	Spaltenkopf	Gruppentext	Prüftabelle	Quick-Info	Kundenfeld
☐	BUKRS	CHAR	80		☐	Company code	Basic data		☑	☐
☐	GSBER	CHAR	4		☐	Geschäftsbereich	Basic data		☐	☑
☐	FKBER	CHAR	16		☐	Functional area	Basic data		☑	☐

Abbildung 4.24: Neue Position für Geschäftsbereich

Wir haben jetzt alle gewünschten Änderungen vorgenommen und können das Migrationsobjekt endgültig sichern.

Wird nun das Template für das Migrationsobjekt »Kostenstelle« über die Transaktion *LTMC* heruntergeladen, existiert auch das Feld Geschäftsbereich in der Feldliste des Templates (siehe ❶ in Abbildung 4.25).

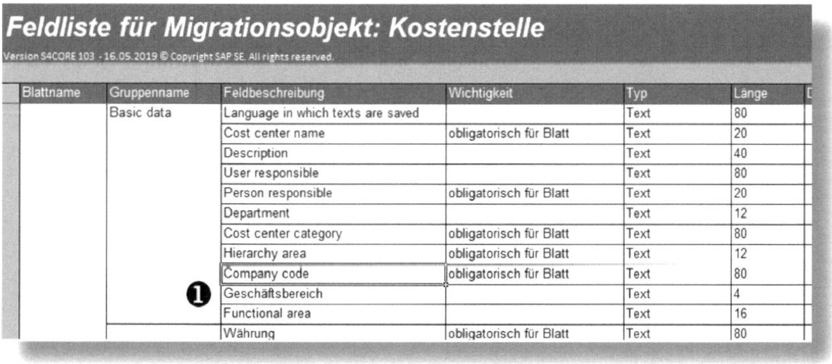

Feldliste für Migrationsobjekt: Kostenstelle

Version S4CORE 103 - 16.05.2019 © Copyright SAP SE. All rights reserved.

Blattname	Gruppenname	Feldbeschreibung	Wichtigkeit	Typ	Länge
	Basic data	Language in which texts are saved		Text	80
		Cost center name	obligatorisch für Blatt	Text	20
		Description		Text	40
		User responsible		Text	80
		Person responsible	obligatorisch für Blatt	Text	20
		Department		Text	12
		Cost center category	obligatorisch für Blatt	Text	80
		Hierarchy area	obligatorisch für Blatt	Text	12
		Company code	obligatorisch für Blatt	Text	80
	❶	Geschäftsbereich		Text	4
		Functional area		Text	16
		Währung	obligatorisch für Blatt	Text	80

Abbildung 4.25: Geschäftsbereich in Feldliste

Daneben ist dieses Feld jetzt auch im Tabellenblatt Basic data inklusive der technischen Informationen aufgeführt (unter ❷ in Abbildung 4.26).

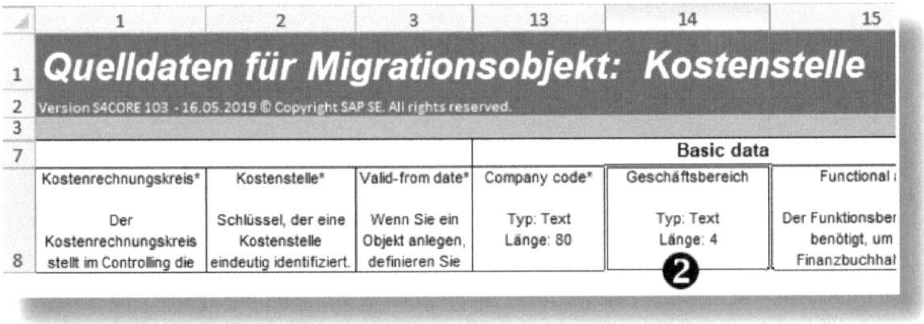

Abbildung 4.26: Geschäftsbereich in Quelldaten für Kostenstelle

Im Ergebnis ist das Template nun um das zusätzliche Feld »Geschäftsbereich« erweitert; in der Sicht werden nur noch die als pflegerelevant betrachteten Felder zur Anschrift (siehe Abbildung 4.20) aufgeführt.

4.2.2 Zielstrukturen

Während sich die Quellstrukturen um die Datenquelle – in unserem Fall das Template – kümmern, liefert die *Zielstruktur* alle im Migrationsobjekt vorhandenen Felder unabhängig davon, ob diese nun durch das Template versorgt werden oder nicht. Um sie aufzurufen, wechseln Sie per Doppelklick auf Zielstrukturen ❷ in Abbildung 4.12.

Das Migrationscockpit unter SAP S/4HANA unterstützt lediglich Funktionsbausteine in Form eines BAPI. Für unser Beispiel zur Anlage der Kostenstelle hat SAP im Migrationsobjekt *Kostenstelle* den Funktionsbaustein *BAPI_COSTCENTER_CREATEMULTIPLE* ❶ hinterlegt (siehe Abbildung 4.27).

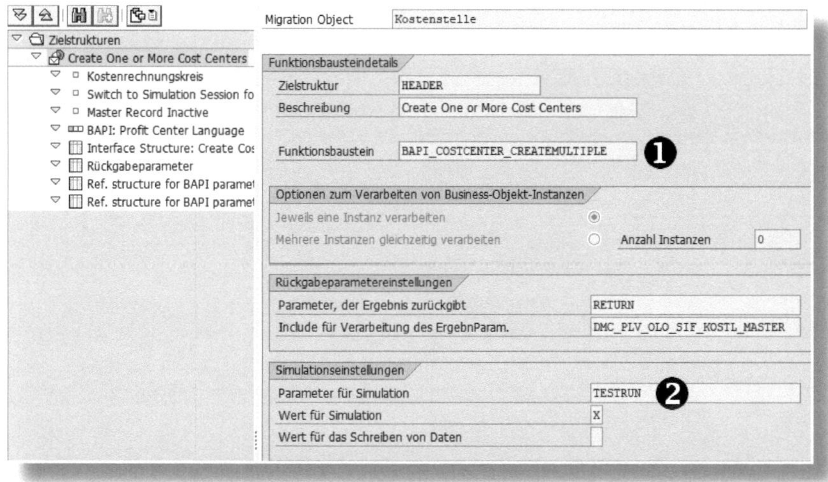

Abbildung 4.27: Zielstruktur – Anlage Kostenstelle

Dieser Funktionsbaustein unterstützt eine Simulation der Dateneinspielung, die wiederum unter ❷ durch einen passenden PARAMETER gesteuert werden kann.

Aufbau eines Funktionsbausteins für Migrationsobjekte

Die zur Versorgung bestimmter Tabellenfelder hinterlegten Funktionsbausteine müssen bestimmte Anforderungen erfüllen:

- Die Steuerung des Funktionsbausteins erfolgt über das Migrationscockpit; alle Meldungen (Fehler und Hinweise) müssen im Format BAPIRET2 als Tabelle oder Struktur zurückgegeben werden.
- Das Merkmal für einen Test ist zu setzen, damit eine Simulation der Dateneinspielung erfolgen kann, bevor die Daten in die Datenbank geschrieben werden (siehe auch ❷ in Abbildung 4.27).

Neben dem Funktionsbaustein zur Datenfüllung sind auch die aus der Quellstruktur bekannten Datenfelder als Tabelle bzw. Struktur hinterlegt. In unserem Fall wechseln wir durch Klick auf ❷ in Abbildung 4.28 von der Darstellung des Funktionsbausteins ❶ auf die Tabelle mit den Feldern der Kostenstelle.

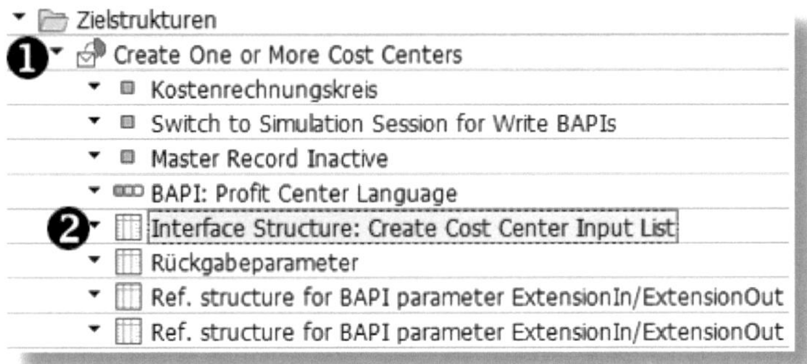

Abbildung 4.28: Datenfelder innerhalb der Zielstruktur aufrufen

Im Ergebnis erhalten wir eine Zielstruktur mit den Feldern zur *Interface Structure: Create Cost Center Input List* inklusive des Feldes für den Geschäftsbereich, das in Abbildung 4.29 als *Business Area* (BUS_AREA) bezeichnet ist.

Wenn Sie sich bei der Identifikation des passenden Zielstrukturfeldes unsicher sind, kann ein Blick auf die Kombination aus Datentyp und Länge hilfreich sein. Vergleichen wir etwa das Feld GSBR aus der Struktur CSKSZ in Abbildung 4.6 mit unserer Zielstruktur BUS_AREA, so sehen wir, dass beide den Datentyp *CHAR* und die Länge *4* aufweisen, sodass Sie sich sicher sein können, dass Geschäftsbereich und Business Area identisch sind.

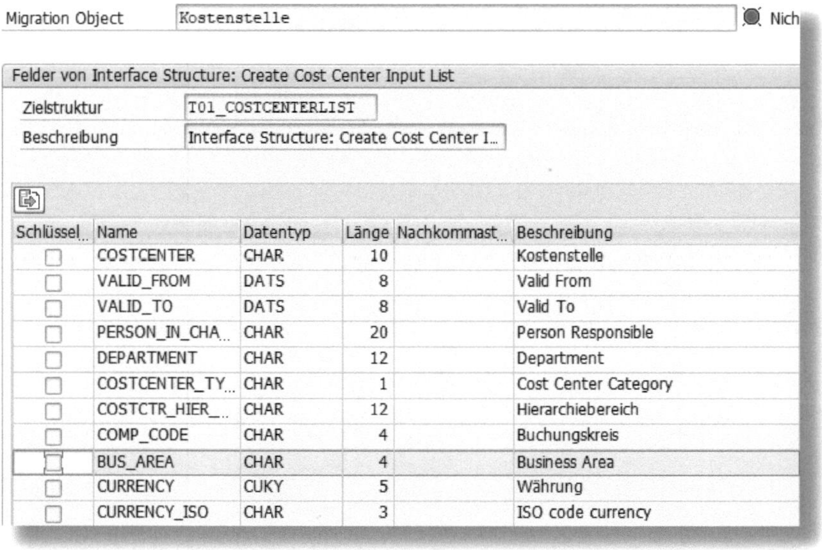

Migration Object Kostenstelle Nich

Felder von Interface Structure: Create Cost Center Input List

Zielstruktur T01_COSTCENTERLIST

Beschreibung Interface Structure: Create Cost Center I...

Schlüssel...	Name	Datentyp	Länge	Nachkommast...	Beschreibung
☐	COSTCENTER	CHAR	10		Kostenstelle
☐	VALID_FROM	DATS	8		Valid From
☐	VALID_TO	DATS	8		Valid To
☐	PERSON_IN_CHA...	CHAR	20		Person Responsible
☐	DEPARTMENT	CHAR	12		Department
☐	COSTCENTER_TY...	CHAR	1		Cost Center Category
☐	COSTCTR_HIER_...	CHAR	12		Hierarchiebereich
☐	COMP_CODE	CHAR	4		Buchungskreis
☐	BUS_AREA	CHAR	4		Business Area
☐	CURRENCY	CUKY	5		Währung
☐	CURRENCY_ISO	CHAR	3		ISO code currency

Abbildung 4.29: Zielstruktur BUS_AREA

4.2.3 Struktur-Mapping

Wir verfügen jetzt über Quellstrukturen als Datengrundlage und Zielstrukturen als Ziel der Datenmigration. Stellt sich nur noch die Frage, wie beide Elemente miteinander verknüpft werden. Bei der Erweiterung bereits vorhandener Migrationsobjekte sind die Verknüpfungen schon vorhanden; bei kundeneigenen Migrationsobjekten müssen diese nachträglich definiert werden.

Rufen wir uns zum Vergleich das Struktur-Mapping (❸ in Abbildung 4.12) des Migrationsobjekts »Kostenstelle« auf und betrachten dieses näher (siehe Abbildung 4.30).

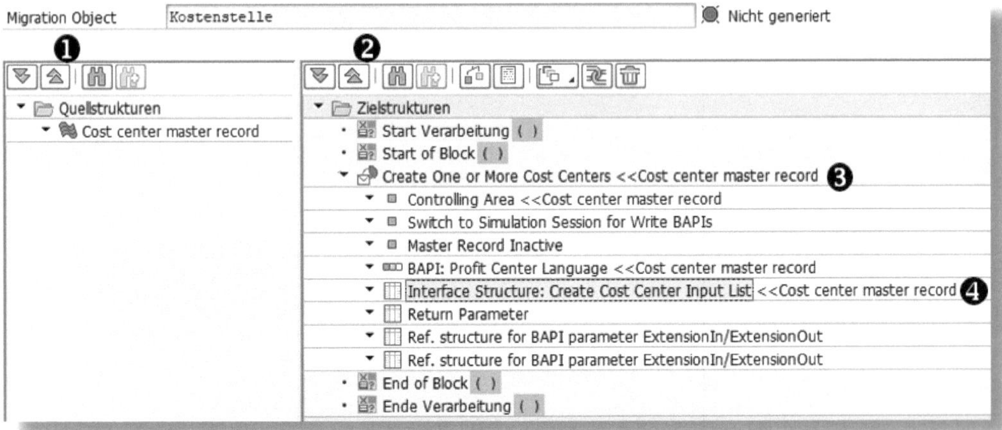

Abbildung 4.30: Struktur-Mapping für »Kostenstelle«

Auf der linken Seite ❶ sind die QUELLSTRUKTUREN aufgeführt, auf der rechten Seite ❷ sind die ZIELSTRUKTUREN zu finden. In unserem Beispiel handelt es sich um die Quellstruktur COST CENTER MASTER RECORD, in der die einzelnen Felder zugeordnet werden, und zwar sowohl dem Funktionsbaustein unter ❸ als auch den Datenfeldern (Tabelle bzw. Struktur) unter ❹. In diesem Fall sind also Quellstruktur und Zielstruktur für das Migrationsobjekt Kostenstelle bereits miteinander verknüpft, da wir beide in den Abschnitten 4.2.1 und 4.2.2 bearbeitet haben.

Um zu zeigen, wie diese Verknüpfungen bei einem kundeneigenen Migrationsobjekt (nachträglich) definiert werden, habe ich eine weitere Quellstruktur im Migrationsobjekt »Kostenstelle« über den Punkt APPEND-STRUKTUR FÜR UNTERGEORDNETE EBENE ❶ angelegt und dieser die Beschreibung *Teststruktur Unkelbach* gegeben (siehe Abbildung 4.31).

Diese Quellstruktur ist im Gegensatz zur Quellstruktur COST CENTER MASTER RECORD noch nicht der Zielstruktur zugeordnet. Sie muss nun von der linken Seite auf die Zielstruktur rechts gezogen und fallengelassen werden (siehe Kästen und Pfeil in Abbildung 4.32). Im Beispiel sehen Sie das Mapping der Quellstruktur TESTSTRUKTUR UNKELBACH mit der Zielstruktur innerhalb der Kostenstelle.

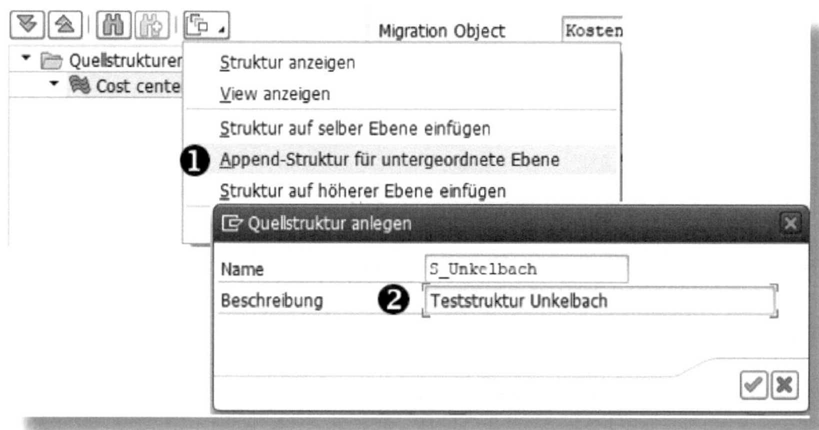

Abbildung 4.31: Teststruktur Unkelbach in Quellstruktur

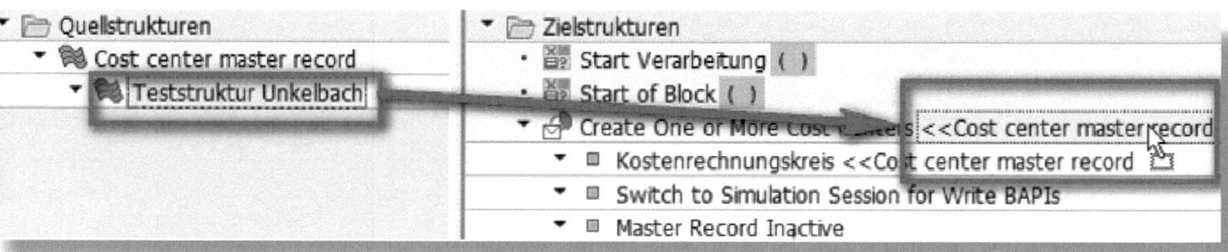

Abbildung 4.32: Mapping der »Teststruktur Unkelbach«

Anschließend ist nicht nur die Struktur Cost center master record, sondern auch die Teststruktur Unkelbach sowohl dem Funktionsbaustein ❶ als auch den Datenfeldern ❷ zugeordnet (siehe Abbildung 4.33).

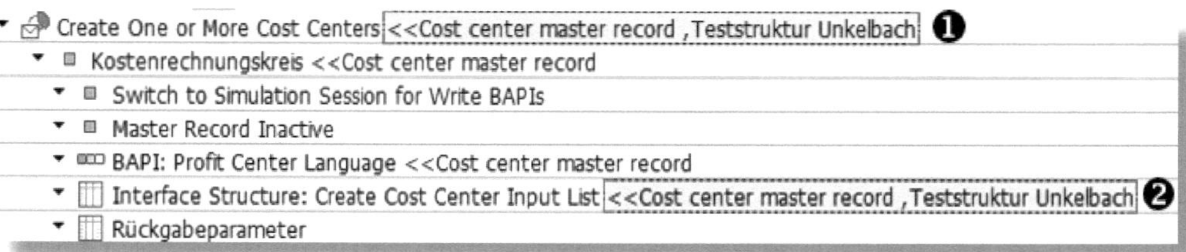

Abbildung 4.33: Eigene Quellstruktur einer Zielstruktur zuordnen

Neue Quellstrukturen für vorhandene Migrationsobjekte

So charmant der Gedanke von eigenen Strukturen für Kundenfelder in Quellstrukturen auch sein mag, würde ich in Beispielen wie dem Feld »Geschäftsbereich« zur Kostenstelle bevorzugt in bestehenden Strukturen arbeiten – insbesondere weil auf diese Weise das für das Template ergänzte Feld (wie in Abbildung 4.24) an eine logische Position geschoben werden kann, wo es dann bei der direkten Pflege der Stammdaten einer Kostenstelle zu finden ist.

Über die rechte Maustaste können Sie solche Strukturbeziehungen problemlos wieder löschen (siehe Abbildung 4.34).

Start of Block ( )
Create One or More Cost Centers <<Cost center master record ,Teststr
Strukturbeziehungen löschen
Kostenrechnungskreis <<Cost center master record
Switch to Simulation Session for Write BAPIs

Abbildung 4.34: Strukturbeziehungen löschen

Hierbei werden jedoch alle Strukturbeziehungen innerhalb des Migrationsobjekts getilgt, sodass Sie anschließend zumindest die ursprüngliche Beziehung wiederherstellen sollten.

Strukturbeziehungen löschen

Beachten Sie, dass beim Löschen der Strukturbeziehungen auch die im folgenden Abschnitt beschriebenen Feldbeziehungen gelöscht werden. Diese sind im Zweifel nachzupflegen. Ein Reset des Migrationsobjekts im bestehenden Projekt ist allerdings nicht möglich. Sie müssen in diesem Fall ein neues Migrationsprojekt anlegen oder das Feld-Mapping aus einem anderen Projekt übertragen.

4.2.4 Feld-Mapping

Nachdem über das Struktur-Mapping Quell- und Zielstruktur miteinander verknüpft worden sind, kann eine Zuordnung einzelner Felder aus der Quellstruktur zur Zielstruktur erfolgen. Dafür klicken Sie in der linken Navigation doppelt auf den Punkt FELD-MAPPING (❹ in Abbildung 4.12). Auf der linken Seite in Abbildung 4.35 werden Ihnen daraufhin Ihre Felder der Quellstruktur ❶ und auf der rechten Seite die ZIELSTRUKTUREN ❷ aufgelistet.

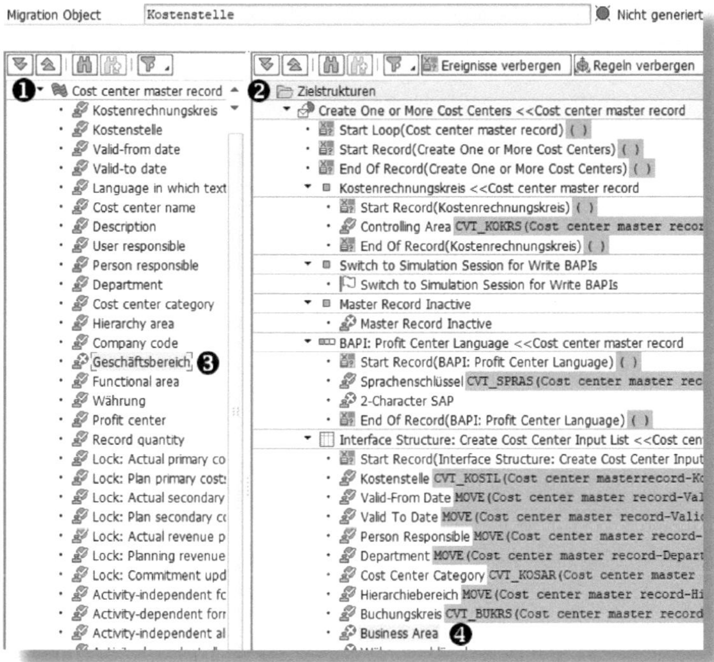

Abbildung 4.35: Feld-Mapping

Ebenfalls erkennbar sind die neu angelegten Felder GESCHÄFTSBEREICH in der Quellstruktur ❸ und BUSINESS AREA ❹ in der Zielstruktur.

Um nun diese beiden Felder miteinander zu verknüpfen, kann entweder das Feld Geschäftsbereich von ❸ auf ❹ gezogen werden. Dabei wird direkt eine Verknüpfungsregel vorgeschlagen. Alternativ nehmen Sie eine regelbasierte Wertzuweisung vor, indem Sie per rechter Maustaste auf das Feld Business Area gehen (siehe Abbildung 4.36), die Funktion Regel zuordnen anklicken und sowohl Regel als auch Parameter selbst auswählen.

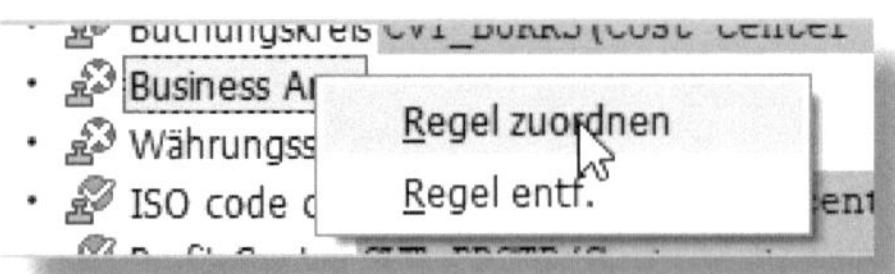

Abbildung 4.36: Business Area – Regel zuordnen

Durch das Ziehen des Feldes Geschäftsbereich auf Business Area wurde automatisch eine Regel gemäß Abbildung 4.37 angelegt.

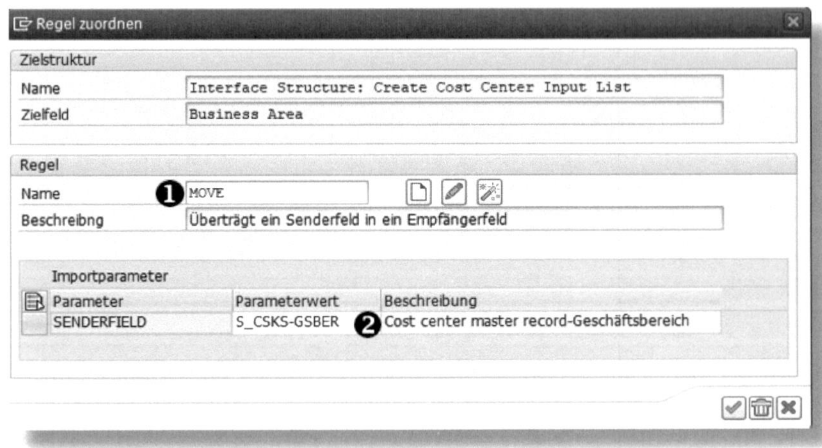

Abbildung 4.37: Regel MOVE für Geschäftsbereich

Die hier vorgeschlagene Regel *MOVE* überträgt direkt das Senderfeld S_CSKS-GSBER von der Quellstruktur in das Empfängerfeld in der Zielstruktur.

Regelzuweisung beim Feld-Mapping

Auf die einzelnen Möglichkeiten zur regelbasierten Wertzuweisung werde ich im Abschnitt 4.2.6 ausführlicher eingehen.

Dabei wird Bezug auf den technischen Namen der Quellstruktur und auf das ihr zugeordnete Feld genommen. Zur Verdeutlichung kann über das Menü unter Einstellungen • Technischer Name an/aus zwischen dem Namen und der technischen Bezeichnung gewechselt werden. So lautet der technische Name der Quellstruktur Cost center master record *S_CSKS* und der des Feldes Geschäftsbereich, wie im Abschnitt 4.2.1 festgelegt, *GSBER* (siehe Abbildung 4.38).

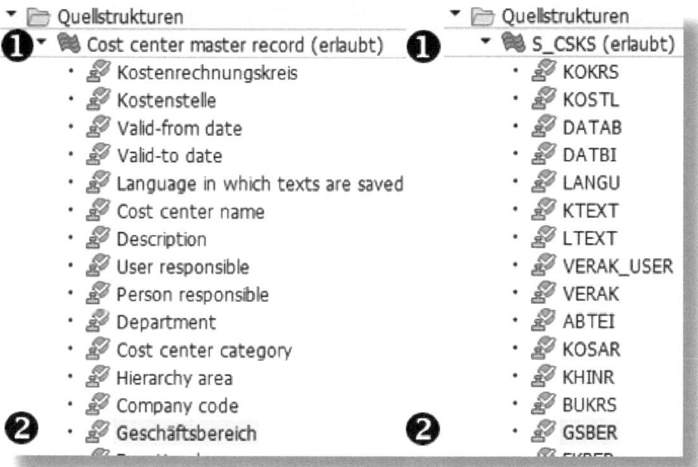

Abbildung 4.38: Technischer Name Quellstruktur

Sowohl in den Quellstrukturen als auch in den Zielstrukturen können Sie die dargestellten Felder über die Schaltfläche nach bestimmten Kriterien filtern.

Wie Abbildung 4.39 zeigt, lässt sich in den Quellstrukturen nur nach der Zuordnung der Felder selektieren, wobei Sie sinnvollerweise NICHT ZUGEORDNETE FELDER ANZEIGEN wählen, wenn Sie sehr viele neue Felder angelegt haben.

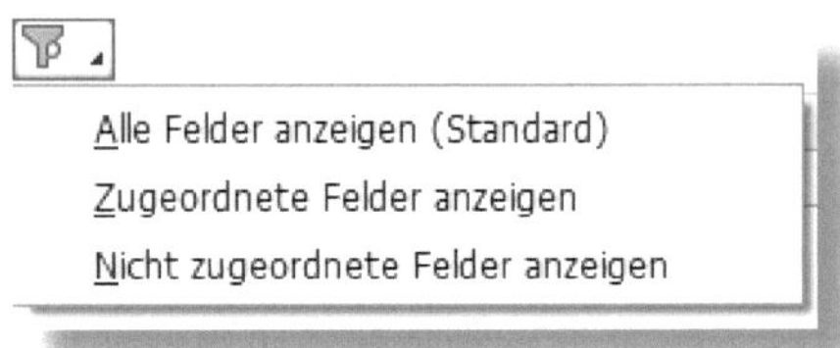

Abbildung 4.39: Filter Quellstrukturen

Im Gegensatz dazu können die Zielstrukturen nach wesentlich mehr Optionen gefiltert werden, so illustriert es auch Abbildung 4.40.

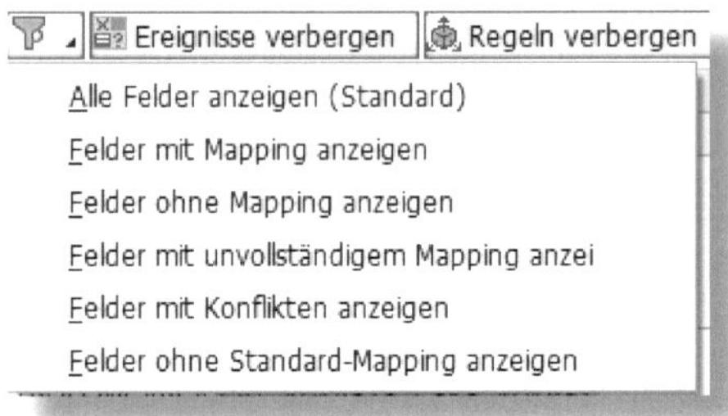

Abbildung 4.40: Filter Zielstrukturen

Die für die Pflege wichtigste Funktion dürfte hier die Option FELDER OHNE MAPPING ANZEIGEN sein. Damit werden in der Zielstruktur alle Felder aufgeführt, denen noch keine Daten aus Ihrer Quellstruktur zugeordnet sind, was es Ihnen wesentlich erleichtert, ein Feld wie »Business Area« aus der Vielzahl der vorhandenen Felder zu identifizieren und für dieses eine entsprechende Regel anzulegen.

4.2.5 Migrationsobjekt neu generieren

Nachdem Sie alle Zuordnungen abgeschlossen und die vorgenommenen Änderungen gesichert haben, ist es erforderlich, das angepasste Migrationsobjekt erneut zu generieren, sodass es mit allen Modifikationen genutzt werden kann. Im Rahmen der Generierung werden durch das SAP-System die erforderlichen Programme erzeugt, um Daten aus dem Quellsystem zu lesen und in einem zweiten Schritt an SAP S/4HANA zu übertragen. Somit brauchen Sie sich um die interne technische Umsetzung nicht zu kümmern, da im Hintergrund die entsprechenden Funktionen und Programme durch SAP angestoßen und angepasst werden.

Das Migrationsobjekt kann direkt im Migrationsobjekt-Modellierer generiert werden, und zwar entweder über die Schaltfläche oder über das Menü Migrationsobjekt • Laufzeitobjekt generieren.

Was ist ein Laufzeitobjekt?

Unter dem Begriff *Laufzeitobjekt* sind alle Informationen zusammengefasst, die für den Ablauf eines Programms in SAP erforderlich sind. In unserem Beispiel werden hier Strukturen und Datenelemente, aber auch Funktionsbausteine vereint und als ausführbarer Programmcode generiert. Dabei synchronisiert das SAP-System automatisch die Struktur des Migrationsobjekts. Ein Migrationsobjekt greift auf Funktionsbausteine zu (interne SAP-Programme, siehe Abschnitt 4.2.2), welche die Datenübertragung in das SAP-S/4HANA-System ermöglichen. Sollte sich ein Funktionsbaustein ändern und beispielsweise weitere Importfelder zur Verfügung stellen, können Sie die Zielstruktur neu synchronisieren. Dies erfolgt im Migrationsobjekt-Modellierer über Migrationsobjekt • Strukturen synchronisieren.

Durch die Funktion LAUFZEITOBJEKTE GENERIEREN werden einerseits die einzelnen Zuordnungen überprüft und andererseits die Laufzeitobjekte zum Migrationsobjekt (insbesondere die einzelnen Funktionsbausteine und Regeln) getestet sowie anschließend erzeugt. Unterhalb der Quell- und Zielstrukturen werden verschiedene NACHRICHTEN zum Prozess ausgegeben (siehe Abbildung 4.41):

■ = Informationen

△ = Hinweise / Warnungen

● = Fehler

Über die Schaltfläche [Informationen(7)] können Sie zu [Fehler(0)], [Schwerw. Warnungen(0)] oder gar [Abbrüche(0)] wechseln. In unserem Fall liegen solche Warn- und Fehlermeldungen aber nicht vor.

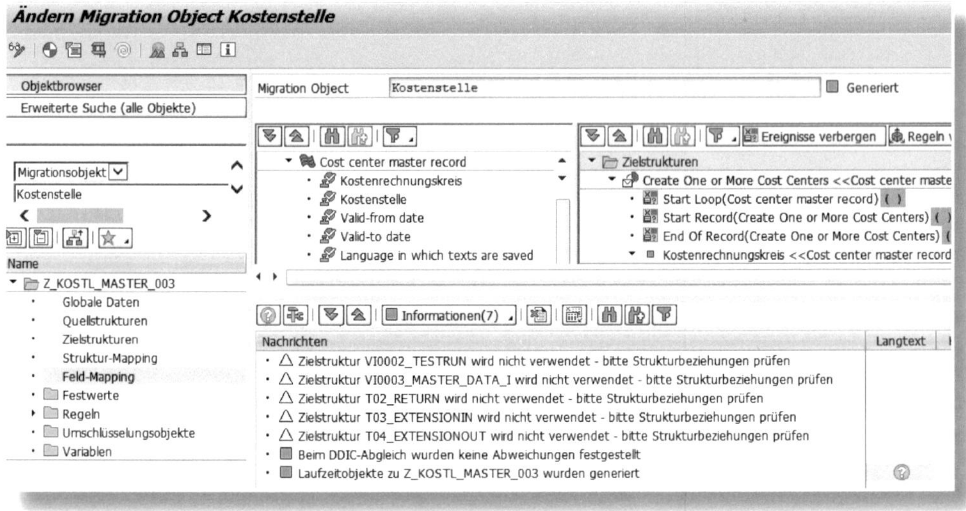

Abbildung 4.41: Laufzeitobjekte wurden generiert

Der Status des Migrationsobjekts in Abbildung 4.42 hat von »nicht generiert« ❶ auf »generiert« ❷ gewechselt.

Abbildung 4.42: Migrationsobjekt generiert

Das Migrationsobjekt kann also nun mit den vorgenommenen Erweiterungen im Migrationscockpit verwendet werden.

4.2.6 Regelbasierte Wertzuweisung

Im Abschnitt 4.2.4 haben wir uns mit dem Thema »Regeln« anhand der vorgeschlagenen Regel MOVE befasst. Diese setzt direkt das Feld aus der Quellstruktur in die Zielstruktur um. Eine weitere Regel bietet uns die Möglichkeit, die übergebenen Werte vor dem Übertragen in die Zielstruktur automatisiert zu bearbeiten. Anhand der aus der Quellstruktur übergebenen Kostenstelle kann die Notwendigkeit einer solchen Anpassung gut dargestellt werden. Ein Blick auf die Felder der Quellstruktur in Abbildung 4.43 zeigt, dass das Feld *KOSTL* vom Typ *CHAR* eine Länge von *80* Zeichen hat.

Felder von Cost center master record

Quellstruktur: S_CSKS

Beschreibung: Cost center master record

Schlüssel...	Name	Datentyp	Länge	Dezi...	Betragsfeld	Spaltenkopf
☑	KOKRS	CHAR	80		☐	Kostenrechnungskreis
☑	KOSTL	CHAR	80		☐	Kostenstelle
☑	DATAB	DATS	8		☐	Valid-from date

Abbildung 4.43: Feld KOSTL in Quellstruktur S_CSKS

Die Zielstruktur enthält ebenfalls das Feld für den Schlüssel der Kostenstelle, jedoch entspricht es hier dem Feld *COSTCENTER* mit der Länge *10* (siehe Abbildung 4.44).

Felder von Interface Structure: Create Cost Center Input List

Zielstruktur: T01_COSTCENTERLIST

Beschreibung: Interface Structure: Create Cost Center I...

Schlüssel...	Name	Datentyp	Länge	Nachkommast...	Beschreibung
☐	COSTCENTER	CHAR	10		Kostenstelle
☐	VALID_FROM	DATS	8		Valid From

Abbildung 4.44: Feld COSTCENTER in Zielstruktur

Sofern im Feld-Mapping keine Regel definiert wurde, wird beim Versuch, die automatische Regel MOVE anzuwenden, eine Fehlermeldung gemäß Abbildung 4.45 ausgegeben.

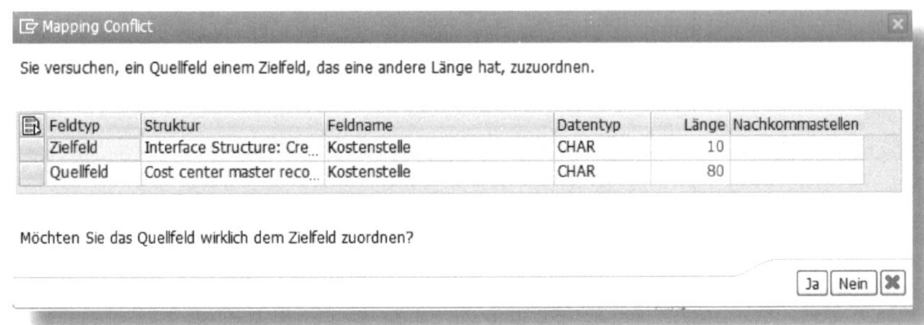

Mapping Conflict

Sie versuchen, ein Quellfeld einem Zielfeld, das eine andere Länge hat, zuzuordnen.

Feldtyp	Struktur	Feldname	Datentyp	Länge	Nachkommastellen
Zielfeld	Interface Structure: Cre...	Kostenstelle	CHAR	10	
Quellfeld	Cost center master reco...	Kostenstelle	CHAR	80	

Möchten Sie das Quellfeld wirklich dem Zielfeld zuordnen?

Ja | Nein

Abbildung 4.45: Mapping Conflict

An dieser Stelle wird direkt darauf hingewiesen, dass sich Quell- und Zielfeld in der Länge unterscheiden und dass dies zu Konflikten führen kann. Entsprechend sinnvoll ist es, eine passende Regel zu hinterlegen.

Beim Anlegen einer Regel per rechter Maustaste und der Wahl der Funktion REGEL ZUORDNEN (siehe Abbildung 4.36) wird vom SAP-System darauf hingewiesen (siehe Abbildung 4.46 unter ❶), dass ein Regelvorschlag zum Feld vorhanden ist, und zwar die Regel *CVT_KOSTL* (CONVERSION OF COST CENTER (COST_CENTER)) unter ❷. Der Regel werden über die IMPORTPARAMETER unter ❸ Werte aus der Quellstruktur zugewiesen, die dann innerhalb der Regel verarbeitet werden.

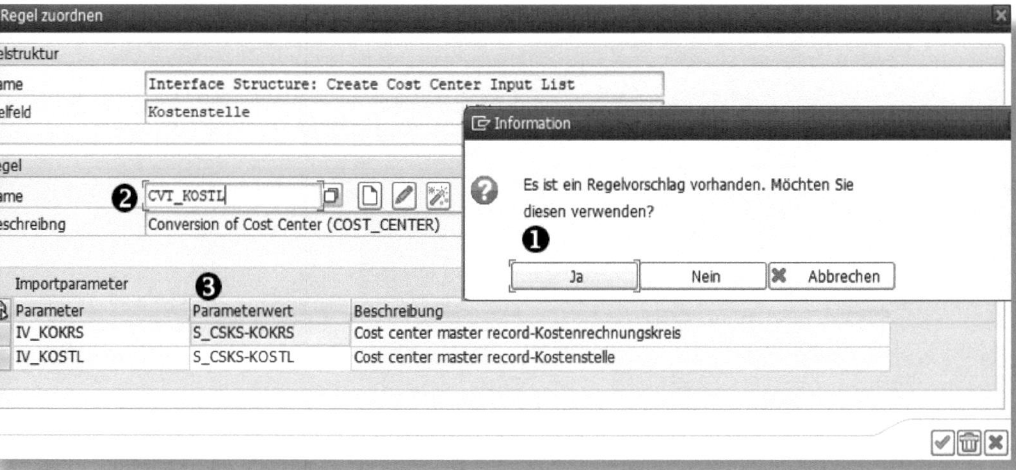

Abbildung 4.46: Regel CVT_KOSTL

In unserem Fall ist dies der Kostenrechnungskreis für den Parameter *IV_KOKRS* und der Kostenstellenschlüssel zum Parameter *IV_KOSTL*.

Über die Schaltfläche REGEL ÖFFNEN können Sie sich das hinter der Regel liegende Coding ansehen (siehe Auszug in Abbildung 4.47).

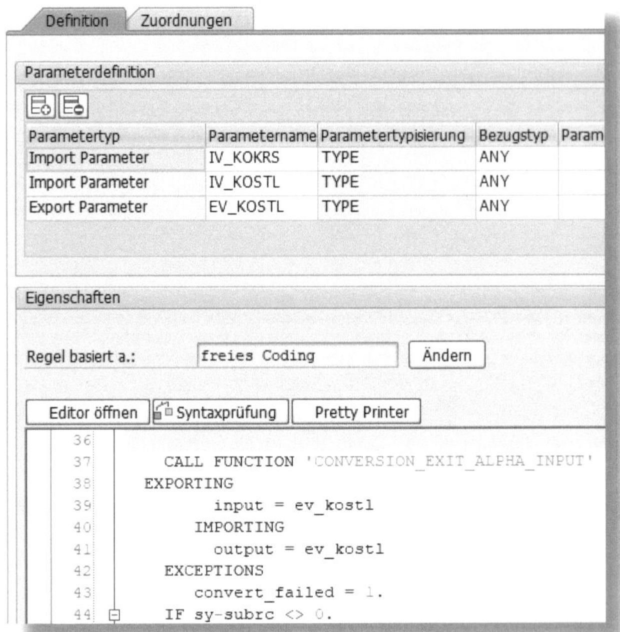

Abbildung 4.47: Auszug Coding CONVERSION_EXIT_ALPHA_INPUT

In diesem Beispiel werden u.a. über die Funktion CONVERSION_EXIT_ALPHA_INPUT führende Nullen aus der Quellstruktur entfernt, sodass der Kostenstellenschlüssel anschließend passend ist.

Am Beispiel der Regel für die Zuordnung des Feldes »Sperrkennzeichen für Primärkosten Ist« im Migrationsobjekt »Kostenstelle« möchte ich den Umgang mit Parametern innerhalb einer Regel etwas ausführlicher erläutern (siehe Abbildung 4.48). Hier ist das Feld Lock: Actual primary costs aus der Quellstruktur dem Feld Lock Indicator for Actual Primary Postings der häufig verwendeten Regel *SET_BOLIND* zugeordnet.

Schauen wir uns diese Regel in Abbildung 4.49 über die Funktion Regel zuordnen (siehe Abbildung 4.36) näher an.

Abbildung 4.48: Regel für Sperrkennzeichen »Primärkosten«

Regel zuordnen

Zielstruktur

Name	Interface Structure: Create Cost Center Input List
Zielfeld	Lock Indicator for Actual Primary Postings

Regel

Name	SET_BOLIND
Beschreibng	Generic boolean translation

Importparameter

Parameter	Parameterwert	Beschreibung
IV_IND	S_CSKS-BKZKP	Cost center master record-Lock: Actual primary costs
IV_XRULE	'1'	

Abbildung 4.49: Regel SET_BOLIND

Als Importparameterwerte sind für die interne Variable *IV_IND* aus der Quellstruktur das Feld *S_CSKS-BKZKP* (Lock: Actual primary costs) und für die interne Variable *IV_XRULE* der Wert *'1'* festgelegt. Über die Schaltfläche können wir diese Regel im Detail betrachten. Die Beschreibung der Regel *SET_BOLIND* lautet »Generic boolean translation«. Dies ist bereits ein Hinweis darauf, dass es sich hierbei um eine Regel handelt, die einen Bezug zu einer booleschen Variablen herstellen soll.

Generische boolesche Variable

In der Programmierung versteht man unter einer *booleschen Variablen* eine Variable, die nur zwei Zustände kennt: true oder false (wahr oder falsch). Alternativ können diese auch als 0 (oder -1) für falsch und als 1 für wahr dargestellt werden. Bezogen auf das Sperrkennzeichen für Primärkosten kann die Variable als »zu aktivieren« oder »zu deaktivieren« gedeutet werden.

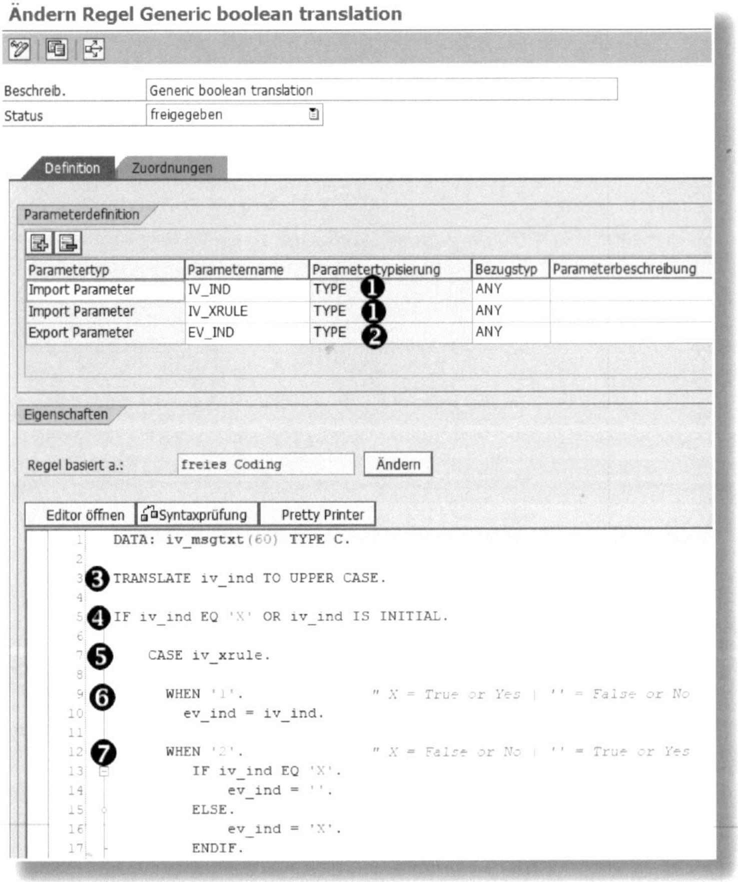

Ändern Regel Generic boolean translation

Beschreib.: Generic boolean translation
Status: freigegeben

Definition | Zuordnungen

Parameterdefinition

Parametertyp	Parametername	Parametertypisierung	Bezugstyp	Parameterbeschreibung
Import Parameter	IV_IND	TYPE ❶	ANY	
Import Parameter	IV_XRULE	TYPE ❶	ANY	
Export Parameter	EV_IND	TYPE ❷	ANY	

Eigenschaften

Regel basiert a.: freies Coding [Ändern]

Editor öffnen | Syntaxprüfung | Pretty Printer

```
DATA: iv_msgtxt(60) TYPE C.

❸ TRANSLATE iv_ind TO UPPER CASE.

❹ IF iv_ind EQ 'X' OR iv_ind IS INITIAL.

❺    CASE iv_xrule.

❻      WHEN '1'.              " X = True or Yes | '' = False or No
         ev_ind = iv_ind.

❼      WHEN '2'.              " X = False or No | '' = True or Yes
           IF iv_ind EQ 'X'.
               ev_ind = ''.
           ELSE.
               ev_ind = 'X'.
           ENDIF.
```

Abbildung 4.50: Auszug Coding »Generic boolean«

Sehen wir uns die Regel in Abbildung 4.50 genauer an: Im oberen Abschnitt sind unter ❶ die beiden IMPORT PARAMETER aufgeführt, ergänzend dazu ist der EXPORT PARAMETER *EV_IND* unter ❷ festgelegt. Dieser Parameter wird nach Aufruf der Regel an das Feld LOCK INDICATOR FOR ACTUAL PRIMARY POSTINGS der Zielstruktur übergeben (siehe Abbildung 4.48). Die Regel selbst basiert auf freiem ABAP-Coding, über das die sich weiter unten anschließende Anweisung durchgeführt wird. Neben *freiem Coding* (Auswahl siehe Abbildung 4.47) besteht hier auch die Möglichkeit, die Regel auf einem *Umschlüsselungsobjekt* basieren zu lassen (MAP_*, z. B. *MAP_ABTNR* für MAPPING OF DEPARTMENT OF CONTACT PERSON) oder einen Festwert (wie *FIX_KOKRS* für FIXED VALUE FOR CONTROLLING AREA) als Standardwert zu hinterlegen. Die flexibelste Variante dürfte aber tatsächlich das freie Coding sein, sodass ich im Weiteren diese in Abbildung 4.50 dargestellte Option erläutere.

Festwerte und Umschlüsselungsobjekte

Die genutzten Festwerte oder Umschlüsselungsobjekte können Sie sowohl auf Ebene des Migrationsobjekts als auch auf derjenigen des gesamten Migrationsprojekts festlegen. Auf die Umschlüsselungsobjekte gehe ich in Abschnitt 4.2.7 noch einmal separat ein.

Innerhalb des Codings in Abbildung 4.50 erkennen Sie den folgenden Ablauf:

❸ Der Wert aus der Quellstruktur wird in Großbuchstaben umgewandelt (aus x wird X).

❹ Anschließend wird kontrolliert, ob der Importparameter `IV_IND` den Wert X hat oder aber initial – also ohne Wert – ist. Die IF-Anweisung wird geöffnet. Sollten weder der Wert X noch initial enthalten sein, wird weiter unten im Coding eine Fehlermeldung ausgegeben (diese Anweisung über `ELSE` im Coding ist nicht in der Abbildung enthalten).

Sind diese Bedingungen erfüllt, wird anhand des Importparameters `IV_XRULE` entschieden, welche Regel zur Wertzuweisung angewendet werden soll:

❺ Über die Anweisung `CASE` werden die einzelnen Ausprägungen der Regel geprüft.

- Gilt `WHEN '1'` für die Variable `iv_xrule` ❻, so wird dem Exportparameter direkt der Wert der Variablen `IV_IND` zugewiesen. Somit erhält der Parameter also ein X, dieses wird in der Quellstruktur als »wahr« oder »ja« interpretiert.
- Die unter ❼ angegebene Regel `WHEN '2'` würde sich genau umgekehrt auswirken, sodass ein X in der Quellstruktur ein leeres Feld in der Zielstruktur als Rückgabewert bedingt.

Weitere Regeln könnten hier beispielsweise sein, dass bei einem X im Feld der Rückgabewert *Y (Yes)* lautet und bei einem leeren Feld *N (No)*. Insgesamt sind hier seitens der SAP sieben unterschiedliche Fälle vorgegeben, und Sie können darüber hinaus einen eigenen Coding-Block nach dem Muster `WHEN` eintragen. Die Anweisung `WHEN` bezieht sich dabei immer auf den Wert, den Sie der internen Variable `IV_XRULE` (in Abbildung 4.49) zugewiesen haben.

Neben den im System schon vorhandenen Regeln können Sie über die linke Navigationsleiste auch eigene festlegen, wie es in Abbildung 4.51 am Beispiel der feldbasierten Regel zu sehen ist.

Diese können im Änderungsmodus als drei Arten von Regeln angelegt werden. Da wir uns hier bereits im Bearbeitungsmodus des Migrationsobjekts befinden (zu erkennen an der Überschrift »Ändern Migration ...« in Abbildung 4.51), ist dies direkt möglich, andernfalls wechseln Sie in den Änderungsmodus über die Schaltfläche .

Eine eigene Regel können Sie direkt über die drei Unterordner zu Regeln oder per rechter Maustaste auf den Ordner Regeln anlegen (siehe Abbildung 4.52).

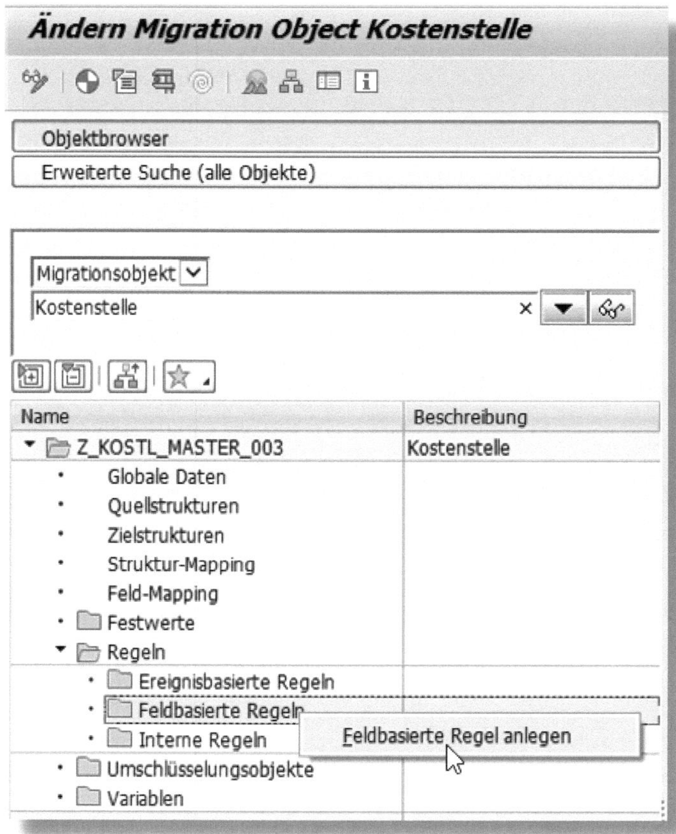

Abbildung 4.51: Eigene feldbasierte Regel anlegen

Regeln
Ereignisbasierte Regel anlegen
Feldbasierte Regel anlegen
Interne Regel anlegen
Umschlüsselungsobjekte

Abbildung 4.52: Regeln anlegen

- Die Feldbasierte Regel ist sicherlich der am häufigsten eingesetzte Regeltyp. Mit dieser Regel ist es möglich, Werte von Feldern innerhalb der Zielstruktur während der Migration zu ändern, wie weiter oben bei der Kostenstellennummer über die Regel CVT_KOSTL oder beim Sperrkennzeichen über die Regel SET_BOLIND beschrieben ist. Die einfachste Regel MOVE (siehe Abbildung 4.37) wird automatisch gewählt, wenn das Feld aus der Quellstruktur und der Zielstruktur bezüglich Format und Länge übereinstimmen und per Feld-Mapping aufeinander gezogen werden. Diese Regel überträgt direkt den Wert aus dem Feld der Quellstruktur in die Zielstruktur.
- Ereignisbasierte Regeln können durch freies Coding an einen beliebigen Punkt während des Programmablaufs gesetzt werden (ein Beispiel wäre »Start of Record«). Diese Regeln werden beim Start des Migrationsprogramms erstellt, um beispielsweise das Systemdatum auszuwerten oder Daten aus Hilfstabellen vorab auszulesen.
- Interne Regeln können sowohl von feldbasierten als auch von ereignisbasierten Regeln verwendet werden. Hier lassen sich Codeanweisungen auslagern, die dann durch eine der anderen Regeln vererbt werden. Damit müssen Sie diese Regelabschnitte nicht in den oberen Regeln erneut definieren, sondern können sie durch einen Verweis auf die interne Regel direkt nutzen.

4.2.7 Umschlüsselungsobjekte

Neben den vorgestellten Regeln können Sie auch eigene Festwerte oder Umschlüsselungsobjekte bestimmen. Im Beispiel (siehe Abbildung 4.53) möchte ich anhand einer in der Quellstruktur enthaltenen Nummer die Zuweisung der Kontaktdaten eines Fachbereichs zu einer Kostenstelle per *Umschlüsselung* vornehmen.

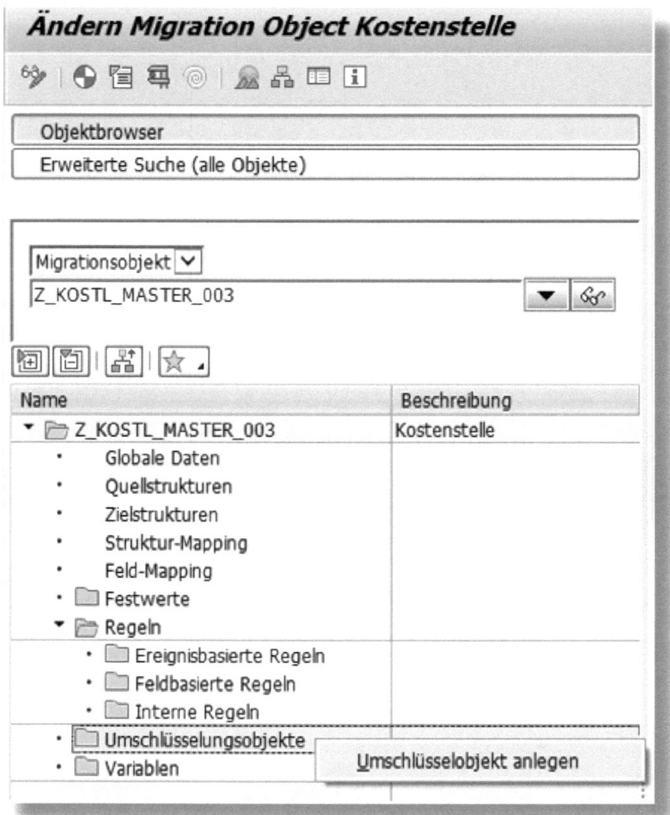

Abbildung 4.53: Umschlüsselungsobjekt anlegen

Das angelegte Umschlüsselungsobjekt zeigt Abbildung 4.54.

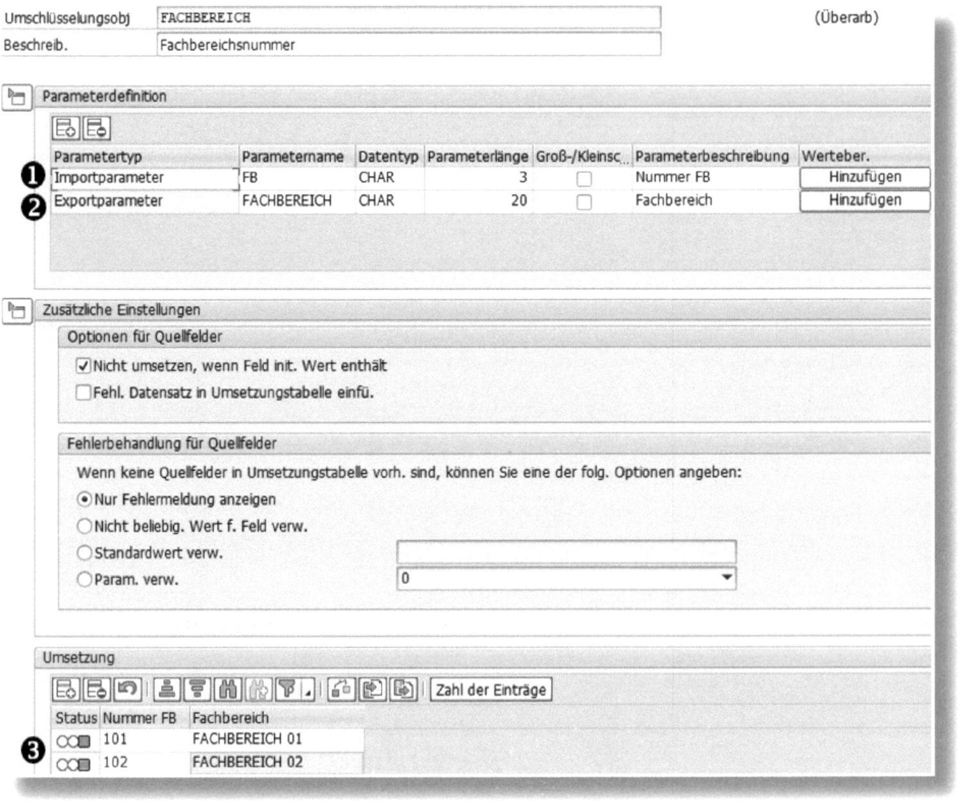

Umschlüsselungsobj FACHBEREICH (Überarb)
Beschreib. Fachbereichsnummer

Parameterdefinition

	Parametertyp	Parametername	Datentyp	Parameterlänge	Groß-/Kleinsc..	Parameterbeschreibung	Werteber.
❶	Importparameter	FB	CHAR	3	☐	Nummer FB	Hinzufügen
❷	Exportparameter	FACHBEREICH	CHAR	20	☐	Fachbereich	Hinzufügen

Zusätzliche Einstellungen

Optionen für Quellfelder

☑ Nicht umsetzen, wenn Feld init. Wert enthält
☐ Fehl. Datensatz in Umsetzungstabelle einfü.

Fehlerbehandlung für Quellfelder

Wenn keine Quellfelder in Umsetzungstabelle vorh. sind, können Sie eine der folg. Optionen angeben:

◉ Nur Fehlermeldung anzeigen
○ Nicht beliebig. Wert f. Feld verw.
○ Standardwert verw.
○ Param. verw. 0

Umsetzung

Zahl der Einträge

	Status	Nummer FB	Fachbereich
❸		101	FACHBEREICH 01
		102	FACHBEREICH 02

Abbildung 4.54: Umschlüsselungsobjekt »Fachbereich«

Unter ❶ wird der Importparameter *FB* definiert und als Exportparameter ❷ der Text *Fachbereich* angegeben. Im Abschnitt Umsetzung ❸ wird dann aus der Nummer FB der ausgeschriebene Fachbereich. Allerdings würde unsere SAP-Basisabteilung hier berechtigterweise anmerken, dass der Parametername zusätzlich mit vorangestelltem IV_ für den Importparameter und EV_ für den Exportparameter gekennzeichnet werden sollte.

4.3 Projekt und Migrationsobjekt

Im Abschnitt 4.2 haben wir den Einstieg in den SAP S/4HANA Migrationsobjekt-Modellierer immer über das Migrationsobjekt vorgenommen. Alternativ können Sie über die Navigation innerhalb des Objektbrowsers (siehe Abbildung 4.55, links) von der Darstellung des MIGRATIONSOBJEKTS auf das PROJEKT wechseln.

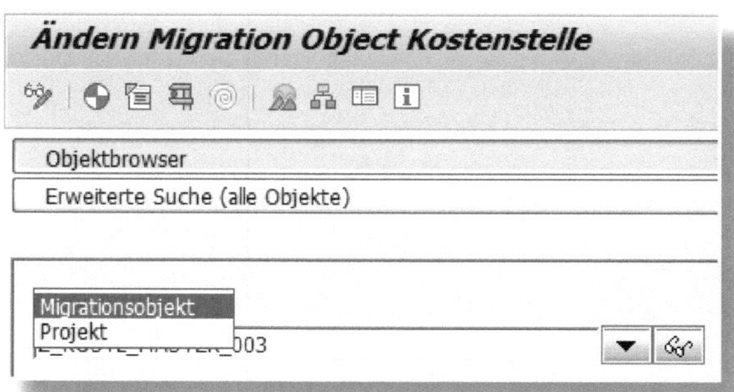

Abbildung 4.55: Wechsel Migrationsobjekt auf Projekt

Im Ergebnis werden Ihnen sämtliche im Projekt vorhandenen Migrationsobjekte sowie alle Festwerte, Regeln und auch Umschlüsselungsobjekte sowie sonstige Elemente aufgelistet, mit denen gearbeitet werden kann (siehe Abbildung 4.56).

Auf diese Weise können Sie sich nicht nur einen schnellen Überblick über vorhandene Regeln verschaffen; es ist auch viel einfacher, Festwerte oder Regeln zu definieren, die übergreifend für mehrere Migrationsobjekte verwendet werden sollen.

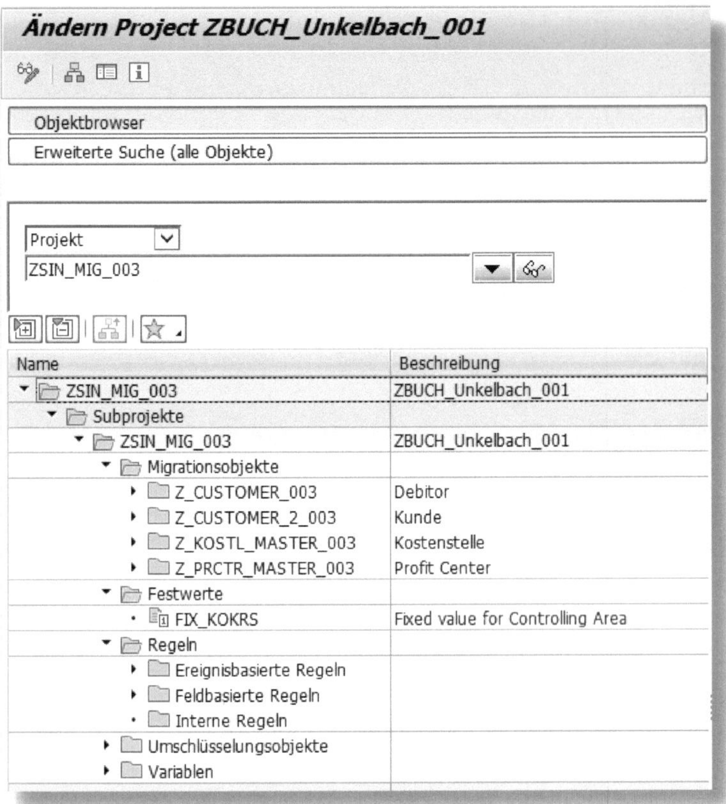

Abbildung 4.56: Projektansicht in LTMOM

4.4 Eigenes Migrationsobjekt anlegen

In den vorherigen Abschnitten haben wir bestehende Migrationsobjekte bearbeitet und um eigene Felder oder auch Regeln erweitert. Sie können im Migrationsobjekt-Modellierer aber auch eigene Migrationsobjekte anlegen.

Wenn Sie wie in Abbildung 4.56 in der Transaktion *LTMOM* die Ansicht Projekt gewählt haben, können Sie über Migrationsobjekt anlegen • Benutzerdefiniert ein neues Objekt anlegen (Abbildung 4.57).

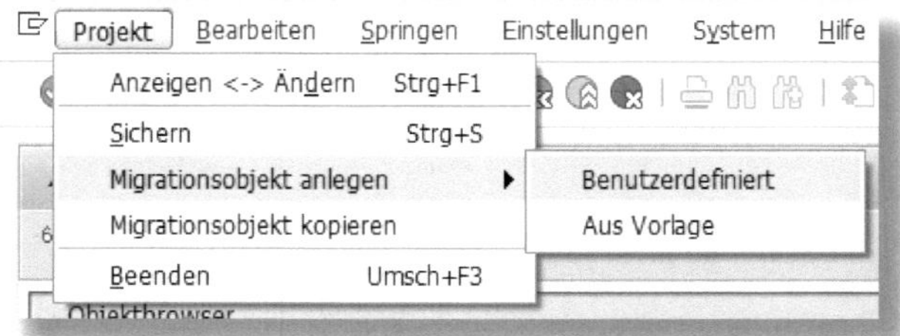

Abbildung 4.57: Migrationsobjekt in Projekt anlegen

Sollten Sie in Ihrem System noch den Menüpunkt Migrationsobjekt aufgerufen haben, gelangen Sie von dort ebenso (wie in Abbildung 4.58) zum relevanten Menüpunkt.

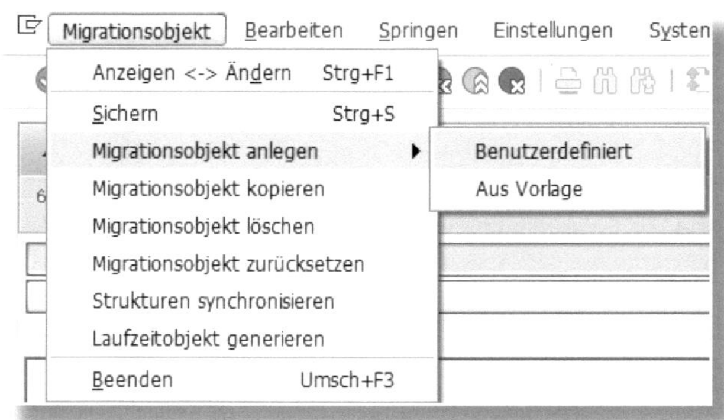

Abbildung 4.58: Migrationsobjekt anlegen

In beiden Fällen wird der Dialog zur Anlage eines benutzerdefinierten Migrationsobjekts geöffnet (siehe Abbildung 4.59). Hier ist der entsprechende Projektname ❶ schon ausgewählt. Sie legen nun eine Migrationsobjekt-ID ❷ über den Eintrag eines Migrationsobjektnamens fest. Da es ein kundeneigenes Migrationsobjekt sein soll, habe ich den notwendigen Anfang *Z_* bereits eingetragen.

Die Massenübernahme-ID (hier _003) ❸ ist durch das ausgewählte Projekt vorbelegt. Ein weiteres Pflichtfeld ist die Beschreibung ❹, in der Sie das Migrationsobjekt über einen Kurzbeschreibungstext näher charakterisieren.

Abbildung 4.59: Benutzerdefiniertes Migrationsobjekt anlegen

Über die Schaltfläche [Weiter] definieren Sie die Zielstruktur durch Festlegung eines passenden Funktionsbausteins. Dieser sollte die im Kasten »Aufbau eines Funktionsbausteins für Migrationsobjekte« beschriebenen Eigenschaften besitzen (siehe Abschnitt 4.2.2, unterhalb von Abbildung 4.27). Dies sind in Kurzform:

- Alle Meldungen (Fehler und Hinweise) müssen im Format BAPIRET2 als Tabelle oder Struktur zurückgegeben werden.
- Es ist ein Merkmal zu setzen, das eine Simulation der Dateneinspielung innerhalb des Funktionsbausteins ermöglicht, bevor die Daten in die Datenbank geschrieben werden.

Im Beispiel in Abbildung 4.60 habe ich den Funktionsbaustein *BAPI_INTERNALORDER_CREATE* ❶ zur Anlage eines Innenauftrags gewählt.

Unter ❷ ist festgelegt, dass jeweils nur eine Instanz zum Ablauf des Funktionsbausteins genutzt wird. Unter ❸ ist der Rückgabeparameter für den Funktionsbaustein hinterlegt. Dieser kann über die Werthilfe [F4] ausgewählt werden – im Beispiel *RETURN*. Über diesen Parameter wird das Ergebnis des Funktionsbausteins ausgegeben.

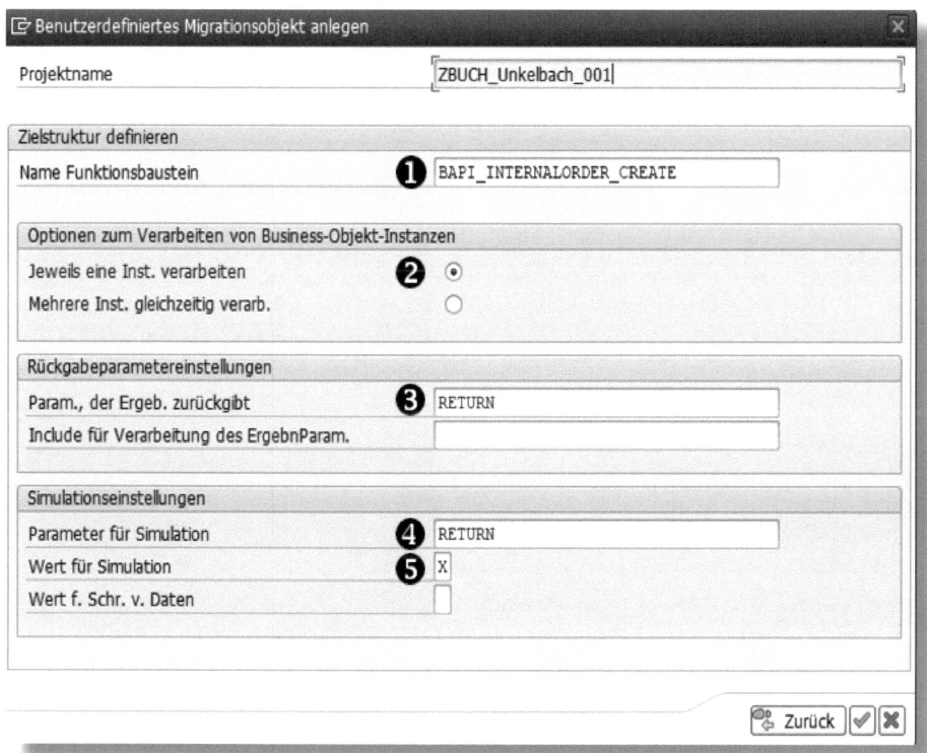

Abbildung 4.60: BAPI_INTERNALORDER_CREATE

Im Bereich SIMULATIONSEINSTELLUNGEN wird der PARAMETER FÜR eine SIMULATION hinterlegt (hier *RETURN* ❹), sodass die Migration erst einmal im Coding des Funktionsbausteins simuliert werden kann. Als WERT FÜR die SIMULATION ist hier ein *X* gesetzt ❺.

Im Ergebnis sehen wir ein neues Migrationsobjekt, das erst einmal nur eine Zielstruktur enthält (siehe Abbildung 4.61).

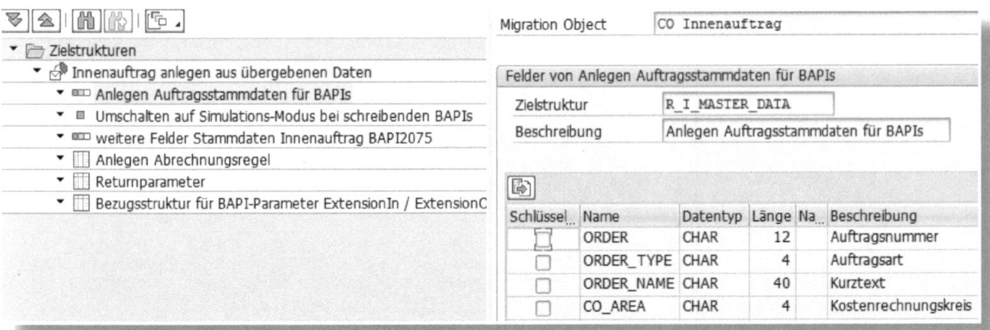

Abbildung 4.61: Zielstruktur »CO Innenauftrag«

Passende Quellstrukturen, das Struktur-Mapping sowie etwaige Regeln müssen Sie nun, wie in Abschnitt 4.2 beschrieben, selbst erstellen.

Innenauftrag anlegen

Der Funktionsbaustein BAPI_INTERNALORDER_CREATE ist von mir nur als erklärendes Beispiel verwendet worden. Es gibt jedoch schon eine Vorlage für das Migrationsobjekt »Innenauftrag eingeschränkt« (Z_INTORDER), in der passende Quellstrukturen, Feld-Mapping und Regeln genutzt werden. Basis für dieses Migrationsobjekt ist der Funktionsbaustein DMC_MIG_INTERNAL_ORDER. Es ist sicherlich empfehlenswert, für die Migration von Innenaufträgen ebenfalls die Vorlage der SAP zu verwenden.

4.5 Resümee zum Migrationsobjekt-Modellierer

Gerade durch die Anpassbarkeit vorhandener Migrationsobjekte sowie die Nutzbarkeit eigener Funktionsbausteine als Migrationsobjekte bietet der Migrationsobjekt-Modellierer in SAP S/4HANA gegenüber dem Migrationscockpit LTMC noch einmal eine höhere Flexibilität im Hinblick auf lokale Anforderungen bei der Übernahme einzelner Daten.

5 Fazit

Ich hoffe, dass Ihnen die theoretischen Grundlagen zu einer Datenmigration im ersten Kapitel, aber auch der Vergleich zu den Vorgängertechniken unter SAP ERP im zweiten Kapitel dabei geholfen haben, die neuen Migrationsmöglichkeiten unter S/4HANA besser einschätzen zu können.

Ich bin von der Weiterentwicklung der bisher bei uns häufiger genutzten Tools LSMW oder eCATT hin zum Migrationscockpit und Migrationsobjekt-Modellierer sehr angetan und hoffe, dass der vorliegende Einblick Sie von den Vorzügen der neuen Technik ebenfalls überzeugen konnte.

Seitens der SAP dürften zukünftig mit jedem neuen Release noch weitere Migrationsobjekte hinzukommen, wie dies schon bei der Version 1809 geschehen ist. Daher kann ich mir tatsächlich gut vorstellen, die LTMC nicht nur zur einmaligen Datenmigration im Rahmen eines Wechsels von ERP zu S/4HANA, sondern auch im Tagesgeschäft, etwa bei der Anlage von Kostenstellen oder Innenaufträgen im Controlling, zu nutzen. Besonders interessant dürften dabei der Einsatz eigener Funktionsbausteine zur Pflege von Tabellen und die geschilderte Anpassung und Erweiterung vorhandener Migrationsobjekte sein.

Darüber hinaus könnten die Quellstrukturen mit ihren unterschiedlichen Sichten und daraus resultierende angepasste Templates geeignet sein, die Stammdatenpflege und entsprechende interne Prozesse zu erleichtern. Je nach Kenntnisstand in der Anwendungsbetreuung oder beim Key-User ist die Entscheidung zu treffen, ob die Pflege der einzelnen Migrationsobjekte im Rahmen der LTMOM durch die SAP-Basisabteilung oder aber durch die Key-User der Abteilungen und Module erfolgen soll. Einen guten Kompromiss stellt sicherlich die kooperative Zusammenarbeit beider dar – ein Punkt, den Sie dann aber auch in Ihrem SAP-Berechtigungskonzept beachten müssten.

Ich freue mich auf Ihre Rückmeldungen – gerne per E-Mail oder über Social-Media-Kanäle, die Sie auf meiner Internetseite *www.andreas-unkelbach.de* finden.

Weitere Informationsquellen

Für weitere Informationen zu den Migrationstools LTMC und LTMOM in SAP S/4HANA möchte ich ergänzend auf einige Onlinequellen verweisen.

Alle weiterführenden Links und Quellen in diesem, aber auch zu meinen anderen Büchern finden Sie auf der Internetseite *https://www.unkelbach.link/*; sie können dort über die jeweilige *ID* aufgerufen werden.

Neben der SAP-Onlinehilfe unter *https://help.sap.com* möchte ich insbesondere die Interactive Demo »SAP S/4HANA Data Migration – On Premise« empfehlen:

- *10322*
  https://cp.hana.ondemand.com/dps/d/preview/76a9ec56a9eb6138e10000000a44147b/1610%20001/en-US/ab242557ea516359e10000000a44147b/content.htm

Zudem gibt es einen openSAP-Kurs zum Thema »Data Migration to SAP S/4HANA«, basierend auf Release 1610, der einen noch etwas umfangreicheren Einblick gewährt:

- *10323*
  https://open.sap.com/courses/s4h8

Beide Links sind auch auf *https://fico-forum.de* (nach Anmeldung im Forum »SAP S/4HANA Finance«) im Beitrag »LTMC – SAP S/4HANA Migration Cockpit« zu finden:

- *10324*
  https://fico-forum.de/fico_forum/thread.php?board=37&thread=44

Im März 2020 ist ein aktualisierter openSAP-Kurs zum Thema »Migrating Your Business Data to SAP S/4HANA – New Implementation Scenario« veröffentlicht worden.

- *10325*
  https://open.sap.com/courses/s4h16

Meine eigene Erfahrung mit dem angesprochenen openSAP-Kurs ist im Artikel »Weiterbildung im SAP-Umfeld durch Selbststudium mit MOOC openSAP« festgehalten:

- *10326*
  https://www.andreas-unkelbach.de/blog/?go=show&id=904

Bei den FICO-Forum-Infotagen 2018 war das Migrationscockpit ebenfalls Thema, dies ist nachzuhören im Vortrag »Look and Feel – Das neue Migrationscockpit unter S/4HANA« von Carsten Schweitzer von der abide Consult AG:

- *10327*
  https://fico-forum.de/ET/infotage_2018/12/

SAP-Hinweise/SAP Support Portal

An manchen Stellen im Buch bin ich auf Hinweise (SAP Notes) im SAP Support Portal eingegangen. Um diese aufrufen zu können, erhalten Sie als SAP-Kunde einen entsprechenden Zugang. Eine umfassende Anleitung rund um das SAP Support Portal finden Sie unter 10314 oder *https://www.berater-wiki.de/SAP_OSS*

Auf YouTube bietet der Kanal »SAP HANA Academy« (*10328, https://www.youtube.com/saphanaacademy*) zwei sehenswerte Videos, die gerade für Endanwender gut verständlich sind:

Vorstellung des Migrationscockpits:

- *10329*
  https://www.youtube.com/watch?v=SXm6uWwJzWw

Vorstellung des Migration Object Modeler:

- *10330*
  https://www.youtube.com/watch?v=yMnyp9A1rug

Sie haben das Buch gelesen und sind mit unserem Werk zufrieden? Bitte schreiben Sie uns eine Rezension!

Unser Newsletter

Bleiben Sie stets informiert!

Aktuelle Neuerscheinungen und exklusive Rabattaktionen einmal im Monat per Mail direkt an Sie:

Melden Sie sich noch heute an unter *http://newsletter.espresso-tutorials.de*.

A Der Autor

Andreas Unkelbach studierte Betriebswirtschaftslehre an der FH Gießen-Friedberg (heute: Technische Hochschule Mittelhessen (THM)) mit den Schwerpunkten Wirtschaftsrecht und Wirtschaftsinformatik. Zwischen 2005 und 2011 war er an der THM als Controller beschäftigt. Anschließend wechselte er in den Bereich Ressourcencontrolling an der Justus-Liebig-Universität Gießen, wo bis heute sein Tätigkeitsschwerpunkt im Berichtswesen und Controlling mit SAP liegt.

Zu seinen bisherigen Veröffentlichungen zählen die ebenfalls bei Espresso Tutorials erschienenen Bücher »Berichtswesen im SAP Controlling« und »Schnelleinstieg in das SAP-Controlling (CO)«. Seit 2004 betreibt der Autor unter www.andreas-unkelbach.de einen Blog, in dem er regelmäßig Artikel zu seinen Arbeitsbereichen, insbesondere Controlling, SAP (mit Schwerpunkt auf den Modulen CO, PSM, FI und BC), aber auch zu anderen, meist IT-nahen Themen, veröffentlicht.

B Index

R

S

T

U

V

Z

C Disclaimer

Die in diesem Werk wiedergegebenen Gebrauchsnamen, Handelsnamen, Warenbezeichnungen usw. können auch ohne besondere Kennzeichnung Marken sein und als solche den gesetzlichen Bestimmungen unterliegen. Sämtliche in diesem Werk abgedruckten Bildschirmabzüge unterliegen dem Urheberrecht der SAP SE, Dietmar-Hopp-Allee 16, 69190 Walldorf.

In dieser Publikation wird auf Produkte der SAP SE Bezug genommen. SAP, R/3, SAP NetWeaver, Duet, PartnerEdge, ByDesign, SAP BusinessObjects Explorer, StreamWork und weitere im Text erwähnte SAP-Produkte und -Dienstleistungen sowie die entsprechenden Logos sind Marken oder eingetragene Marken der SAP SE in Deutschland und anderen Ländern. Business Objects und das Business-Objects-Logo, BusinessObjects, Crystal Reports, Crystal Decisions, Web Intelligence, Xcelsius und andere im Text erwähnte Business-Objects-Produkte und -Dienstleistungen sowie die entsprechenden Logos sind Marken oder eingetragene Marken der Business Objects Software Ltd. Business Objects ist ein Unternehmen der SAP SE. Sybase und Adaptive Server, iAnywhere, Sybase 365, SQL Anywhere und weitere im Text erwähnte Sybase-Produkte und -Dienstleistungen sowie die entsprechenden Logos sind Marken oder eingetragene Marken der Sybase Inc. Sybase ist ein Unternehmen der SAP SE. Alle anderen Namen von Produkten und Dienstleistungen sind Marken der jeweiligen Firmen. Die Angaben im Text sind unverbindlich und dienen lediglich zu Informationszwecken. Produkte können länderspezifische Unterschiede aufweisen.

Der SAP-Konzern übernimmt keinerlei Haftung oder Garantie für Fehler oder Unvollständigkeiten in dieser Publikation. Der SAP-Konzern steht lediglich für SAP-Produkte und -Dienstleistungen nach der Maßgabe ein, die in der Vereinbarung über die jeweiligen Produkte und Dienstleistungen ausdrücklich geregelt ist. Aus den in dieser Publikation enthaltenen Informationen ergibt sich keine weiterführende Haftung.

Weitere Bücher von Espresso Tutorials

Dr. Boris Rubarth

Schnittstellenprogrammierung in SAP® ABAP

- Überblick über klassische SAP-ABAP-Schnittstellentechniken
- Remote Function Call (RFC) und BAPIs
- IDoc und ALE für System-System-Kommunikation
- Einsatz von Remote Function Module (RFM) und BAPIs in SAP S/4HANA

http://5361.espresso-tutorials.de

Antje Kunz

SAP® Legacy System Migration Workbench (LSMW) – 2., erweiterte Auflage

- Datenmigration ohne Programmierung
- Details zum Update kundeneigener Tabellen
- Änderungen zu LSMW unter S/4HANA
- Tipps und Tricks für eine erfolgreiche Datenmigration

http://5371.espresso-tutorials.de

Johannes Gerbershagen:

Qualitätsmanagement in der ABAP-Entwicklung unter SAP®

- saubere und wartungsfreundliche Algorithmen entwickeln
- ABAP Unit, Coverage Analyzer und den Code Inspector einsetzen
- mit Versionsverwaltungswerkzeugen Modifikationen nachvollziehbar machen
- Zugriff auf Codebeispiele über Open-Source-Lizenz

http://5393.espresso-tutorials.de

Robin Schneider:

Praxishandbuch SAP®-Geschäftspartner (Business Partner) – Funktionen und Integration in SAP® S/4HANA – 2., erweiterte Auflage

- Das Geschäftspartnerkonzept der SAP
- Integration des SAP-Geschäftspartners in SAP ERP und SAP S/4HANA
- Synchronisation von Geschäftspartnern und Customer Vendor Integration (CVI)
- Überblick zu Einstellungen im Customizing und in der Stammdatenpflege

http://5468.espresso-tutorials.de